"Michael Tompkins fez um trabalho magistral desmistificando os problemas psicológicos e ilustrando como as habilidades da terapia cognitivo-comportamental (TCC) podem ser facilmente aprendidas e aplicadas a situações da vida real. Os leitores têm à sua escolha um verdadeiro tesouro em forma de ferramentas, com instruções passo a passo sobre como tornar-se proficiente na utilização das habilidades para melhorar o enfrentamento, estabelecer objetivos significativos e mudar o comportamento em busca de uma melhor qualidade de vida. Um material indispensável para qualquer pessoa que deseje diminuir seu sofrimento emocional."

— **Rochelle I. Frank, PhD,**
professora assistente de Psicologia da University of California, Berkeley, e coautora de *The Transdiagnostic Road Map to Case Formulation and Treatment Planning*

"Este conjunto de ferramentas práticas e específicas orienta os leitores durante o desenvolvimento de habilidades *internas* – por exemplo, como pensar sobre o pensamento – e habilidades *externas* – como a gestão do tempo e a realização de tarefas. Com capítulos sobre como aumentar sua motivação e proteger suas relações com os outros, as orientações apresentadas são ao mesmo tempo detalhadas e abrangentes. Bem organizado – com fundamentos claros para cada habilidade e folhas de atividade –, *Vencendo o estresse, a ansiedade, a depressão e outros sofrimentos* é um recurso excelente, tanto para o leitor em geral quanto para terapeutas."

— **Chad LeJeune, PhD,**
membro fundador da Academy of Cognitive and Behavioral Therapies e autor de *The Worry Trap* e *"Pure O" OCD*

"Transformador. Tenha sempre este livro por perto e dedique a ele 15 minutos por dia da sua atenção. Você melhorará seu bem-estar, seu humor e sua produtividade."

— **Jacqueline B. Persons, PhD,**
diretora do Oakland Cognitive Behavior Therapy Center e professora clínica da University of California, Berkeley

"Este livro cuidadosamente concebido e escrito com grande clareza por um líder no campo da TCC destaca-se como um guia excelente para as estratégias mais eficazes na produção de mudança psicológica significativa. Acredito piamente que este livro importante, que contém uma variedade de exercícios, será de grande benefício para os leitores que buscam ferramentas práticas, bem como para os clínicos que realizam terapia e desejam ampliar o tratamento com o material encontrado neste valioso recurso."

— **John Ludgate, PhD,**
psicólogo do CBT Counseling Centers, Western North Carolina, membro fundador da Academy of Cognivive Therapy e autor de *CBT Resources for Therapists*

"Tompkins é um clínico e professor internacionalmente reconhecido que compartilha sua vasta experiência em um texto claro e atrativo. Com ele, os leitores aprenderão ferramentas importantes que proporcionarão mudanças genuínas em suas vidas. Para as pessoas que lutam contra a ansiedade, a depressão ou outros problemas, este livro será imensamente valioso. O autor identifica e explica a relação entre pensamentos, sentimentos, ações e atenção. Os capítulos levam o leitor a adquirir um amplo conjunto de habilidades, desde as habilidades de *mindfulness* até as de pensamento e as de eficácia interpessoal. São bem planejados e delineiam claramente um programa que oferece aos leitores a oportunidade de adquirir uma variedade de habilidades cognitivo-comportamentais essenciais para melhorar suas vidas."

— **Stuart Eisendrath, MD,**
professor emérito de Psiquiatria e fundador do UCSF Depression Center,
da University of California, San Francisco

"*Vencendo o estresse, a ansiedade, a depressão e outros sofrimentos* é um guia prático para os leitores que querem assumir o controle da sua saúde mental. Gostei muito do fato de o autor utilizar a aprendizagem experiencial ao longo deste livro, bem como sua habilidade para tornar conceitos complexos facilmente compreensíveis a fim de atrair um público amplo de leitores. Se está procurando um guia de saúde mental prático e baseado na ciência, esta é uma leitura da qual você certamente não vai se arrepender!"

— **Joanne Chan, PsyD,**
professora assistente de Psiquiatria da Oregon Health and Science University
e coautora de *ACT-Informed Exposure for Anxiety*

"Com este livro, Tompkins entrega ao leitor um trabalho magistral de aplicação da TCC, habilmente organizado em um pacote de fácil utilização. Seu extenso treinamento e sua sabedoria são encontrados em cada detalhe, desde a ordem estratégica dos capítulos até os exercícios geniais. Este livro não foi escrito como um exercício acadêmico performático – é uma ferramenta de autoaplicação genuína que seguramente ajudará incontáveis leitores. Ele agora está no topo da minha lista de recomendações para pacientes."

— **Gregory S. Chasson, PhD, ABPP,**
psicólogo licenciado certificado em Psicologia Comportamental/Cognitiva e professor associado
do Departamento de Psiquiatria e Neurociência Comportamental da University of Chicago

"Este é um recurso indispensável para atualizar suas ferramentas de saúde mental. Tompkins nos fornece uma nova abordagem dos métodos testados e aprovados da TCC – a qual tem um longo histórico de sucesso ao ajudar pessoas a lidar com situações dolorosas –, entrelaçando técnicas dos campos da psicologia positiva e práticas de *mindfulness*. O formato de fácil utilização torna o livro acessível a qualquer pessoa que deseje ampliar o autocuidado com sua saúde mental."

— **Valerie L. Gaus, PhD, ABPP,**
psicóloga na prática privada e autora de *Cognitive-Behavioral Therapy
for Adults With Autism Spectrum Disorder* e *Living Well on the Spectrum*

Vencendo o estresse, a ansiedade, a depressão e outros sofrimentos

A Artmed é a editora oficial da FBTC

Michael A. Tompkins, PhD, ABPP, é psicólogo certificado em Psicologia Comportamental e Cognitiva. É codiretor do San Francisco Bay Area Center for Cognitive Therapy e membro do corpo docente do Beck Institute for Cognitive Behavior Therapy. Tompkins é autor ou coautor de 15 livros e é palestrante em níveis nacional e internacional sobre terapia cognitivo-comportamental (TCC) e temas relacionados. Seu trabalho recebeu destaque nos meios de comunicação, como nas publicações *The New York Times* e *The Wall Street Journal*, na televisão (TLC, A&E) e no rádio (KQED, NPR).

Judith S. Beck, PhD, autora da Apresentação, é presidente do Beck Institute for Cognitive Behavior Therapy e professora clínica de Psicologia em Psiquiatria da University of Pennsylvania. É autora da obra de referência *Terapia cognitivo--comportamental: teoria e prática*, traduzida para mais de 20 idiomas, e cuja 3ª edição aborda recursos da terapia cognitiva orientada para a recuperação (CT-R).

T662v   Tompkins, Michael A.
               Vencendo o estresse, a ansiedade, a depressão e outros sofrimentos : habilidades baseadas em evidências – manual de terapia cognitivo-comportamental / Michael A. Tompkins ; tradução: Sandra Maria Mallmann da Rosa ; revisão técnica: Carmem Beatriz Neufeld. – Porto Alegre : Artmed, 2025.
               viii, 200 p. : il. ; 25 cm.

               ISBN 978-65-5882-320-9

               1. Ansiedade. 2. Psicoterapia. 3. Depressão. 4. Terapia cognitivo-comportamental. I. Título.

CDU 159.9:616.89-008.441

Catalogação na publicação: Karin Lorien Menoncin – CRB 10/2147

Michael A. **Tompkins**

Vencendo o estresse, a ansiedade, a depressão e outros sofrimentos

habilidades baseadas em evidências – **manual de terapia** *cognitivo-comportamental*

Tradução
Sandra Maria Mallmann da Rosa

Revisão técnica
Carmem Beatriz Neufeld

Professora associada do Departamento de Psicologia da Faculdade de Filosofia, Ciências e Letras de Ribeirão Preto (FFCLRP) da Universidade de São Paulo (USP). Fundadora e coordenadora do Laboratório de Pesquisa e Intervenção Cognitivo-comportamental (LaPICC-USP). Mestra e Doutora em Psicologia pela Pontifícia Universidade Católica do Rio Grande do Sul (PUCRS). Bolsista produtividade do CNPq. Presidente da Federación Latinoamericana de Psicoterapias Cognitivas y Comportamentales (ALAPCCO — Gestão 2019-2022/2022-2025). Ex-presidente fundadora da Associação de Ensino e Supervisão Baseados em Evidências (AESBE). Representante do Brasil na Sociedad Interamericana de Psicología (2023-2025).

Porto Alegre
2025

Obra originalmente publicada sob o título *The Cognitive Behavioral Therapy Workbook: Evidence-Based CBT Skills to Help You Manage Stress, Anxiety, Depression, and More*, 1st Edition
ISBN 9781648482021

Copyright © 2024 by Michael A. Tompkins
Imprint of New Harbinger Publications, Inc.
5720 Shattuck Avenue Oakland, CA 94609
www.newharbinger.com

Gerente editorial
Alberto Schwanke

Coordenadora editorial
Cláudia Bittencourt

Capa
Paola Manica | Brand&Book

Preparação de original
Marcela Bezerra Meirelles

Leitura final
Caroline Castilhos Melo

Editoração
AGE – Assessoria Gráfica Editorial Ltda.

Reservados todos os direitos de publicação, em língua portuguesa, ao
GA EDUCAÇÃO LTDA.
(Artmed é um selo editorial do GA EDUCAÇÃO LTDA.)
Rua Ernesto Alves, 150 – Bairro Floresta
90220-190 – Porto Alegre – RS
Fone: (51) 3027-7000

SAC 0800 703 3444 – www.grupoa.com.br

É proibida a duplicação ou reprodução deste volume, no todo ou em parte, sob quaisquer formas ou por quaisquer meios (eletrônico, mecânico, gravação, fotocópia, distribuição na Web e outros), sem permissão expressa da Editora.

IMPRESSO NO BRASIL
PRINTED IN BRAZIL

Para Lu, Mady e Livie

Apresentação

A terapia cognitivo-comportamental (TCC) foi desenvolvida por meu pai, Aaron T. Beck, nas décadas de 1960 e 1970. Desde a sua concepção, a TCC inclui uma forte relação terapêutica, uma aplicação de caso cognitiva e uma abordagem baseada em habilidades de fácil aplicação para lidar com uma variedade de problemas psiquiátricos, psicológicos e médicos à medida que surgem no aqui e agora. No Beck Institute for Cognitive Behavior Therapy, a organização que meu pai e eu fundamos na Filadélfia, já treinamos nesta abordagem dezenas de milhares de clínicos de diferentes origens e continuamos nossa missão para melhorar vidas no mundo todo por meio da excelência e da inovação na TCC.

O livro *Vencendo o estresse, a ansiedade, a depressão e outros sofrimentos: habilidades baseadas em evidências — manual de terapia cognitivo-comportamental* é uma ótima introdução à TCC e inclui muitas das habilidades que ensinamos em conjunto com os conceitos e os princípios básicos que fazem da TCC um dos tratamentos psicológicos mais comumente utilizados no mundo. Neste manual, você encontrará habilidades que poderá utilizar para acalmar rapidamente sua mente e seu corpo, além de habilidades para mudar como você pensa sobre os eventos que o perturbam. Encontrará orientações para gerir o tempo e as tarefas se você for propenso a procrastinar ou se deseja melhorar sua habilidade de realizar coisas. Também encontrará habilidades para melhorar suas relações e diminuir emoções intensas, como ansiedade, depressão, culpa ou vergonha. O livro finaliza com habilidades para melhorar sua vida de formas positivas.

Você pode utilizar este manual por conta própria ou como um complemento para a terapia ou outros tratamentos. Também poderá sugerir sua leitura para amigos e familiares que são curiosos acerca da TCC e explicar como ele pode ajudar se você ou eles estiverem com dificuldades. Sejam quais forem os desafios que você enfrentar, provavelmente encontrará neste livro as habilidades que o ajudarão. Sugiro que faça a leitura do início ao fim e pratique cada habilidade. Depois que estiver familiarizado com todas elas, você provavelmente retornará àquelas que achar que mais o ajudam. Um período de quase meio século de pesquisas demonstra que essas habilidades ajudam as pessoas a se sentir e a viver melhor, e há uma boa probabilidade de que elas também possam ajudá-lo. Se você quer viver com maior sensação de tranquilidade e bem-estar, recomendo que leia este livro e aprenda e pratique essas habilidades.

Judith S. Beck, PhD
Presidente do Beck Institute for Cognitive Behavior Therapy
Professora da University of Pennsylvania

Sumário

Apresentação vii
Judith S. Beck

Introdução 1

1. Habilidades motivacionais 7
2. Habilidades de relaxamento 35
3. Habilidades de *mindfulness* 53
4. Habilidades de pensamento 69
5. Habilidades de eficácia interpessoal 99
6. Habilidades de gestão do tempo e das tarefas 123
7. Habilidades de exposição emocional 143
8. Habilidades de bem-estar emocional 165
9. Juntando as peças 187

Referências 197

Introdução

Você está prestes a aprender um conjunto de habilidades simples, porém poderosas, que já ajudaram inúmeras pessoas no mundo todo. Essas habilidades podem diminuir sua ansiedade, melhorar seu estado de humor e ajudá-lo a realizar mais, relacionar-se melhor com as pessoas e, acima de tudo, ter uma vida mais plena e com mais significado. Estas são as habilidades que você aprende na terapia cognitivo-comportamental (TCC), uma forma de terapia baseada na fala que foi desenvolvida pelo Dr. Aaron T. Beck, na década de 1960.

A TCC é uma psicoterapia breve, estruturada, baseada em habilidades, testada cientificamente e se mostrou eficaz em mais de 2 mil estudos para o tratamento de muitas e diferentes condições de saúde em geral e saúde mental (Butler, Chapman, Forman, & Beck, 2006; Hofmann, Asnaani, Vonk, Sawyer, & Fang, 2012).

O MODELO COGNITIVO-COMPORTAMENTAL

A TCC está baseada no modelo cognitivo-comportamental da psicologia, que tem como pressuposto que não são as coisas que nos perturbam, mas sim a nossa visão dessas coisas. Portanto, ao mudarmos nossos pensamentos, podemos mudar a forma como nos sentimos e agimos. O modelo cognitivo-comportamental inclui os seguintes aspectos:

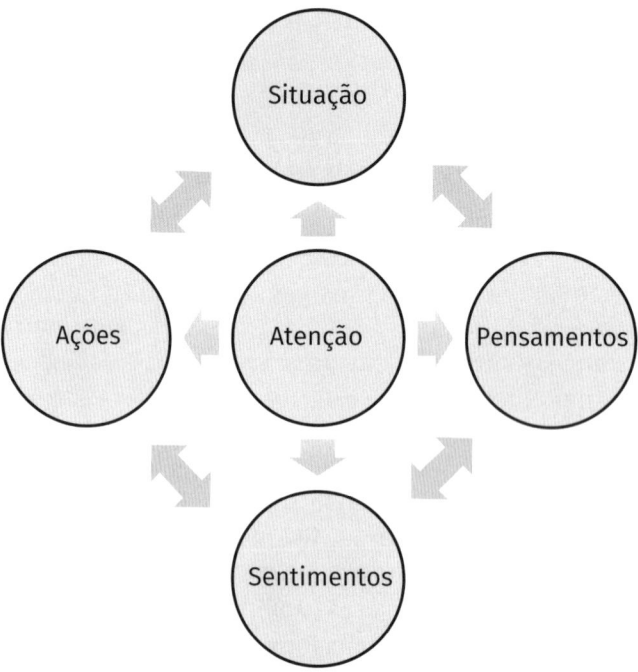

MODELO COGNITIVO-COMPORTAMENTAL

- **Pensamentos:** os pensamentos causam sentimentos. Nossas mentes geram constantemente pensamentos e imagens. Se você ouve um barulho no escuro e pensa "Isso é alguém invadindo a casa", poderá se sentir ansioso. Já se você pensa "Este é o barulho da chuva na janela," talvez se sinta relaxado e confortável. A boa notícia é que, se você pode mudar um pensamento, então pode mudar um sentimento.
- **Sentimentos e sensações físicas:** sentimentos ou emoções fazem parte da sua vida cotidiana. Existem sentimentos positivos, como alegria, entusiasmo, esperança ou tranquilidade. Também há sentimentos negativos, como raiva, ansiedade, tristeza ou culpa. Os sentimentos incluem sensações ou experiências físicas, como o coração acelerado ou as mãos trêmulas. Os sentimentos são sinais. Eles nos alertam para possíveis perigos. Eles nos orientam para um problema que deve ser resolvido. Os sentimentos são perfeitos. Se você se sente ansioso, você se sente ansioso. Não há como discutir um sentimento. No entanto, os pensamentos que causam os sentimentos estão abertos ao exame e à discussão.
- **Ações:** toda emoção tem uma tendência ou uma motivação comportamental. Quando você está ansioso, está motivado a ser cauteloso e vi-

gilante. Quando você está zangado, está motivado a atacar para se defender. Quando você está triste, está motivado a desacelerar e buscar a solidão para se recuperar. Também há "comportamentos mentais". Eles são ações em pensamento, por exemplo, refletir sobre como resolver um problema ou pensar repetidamente sobre uma mágoa ou um dano sofrido. Os pensamentos também podem causar diretamente a sua ação. Por exemplo, o pensamento "Farei isso mais tarde" mais provavelmente significa que você vai adiar a tarefa.

- **Atenção:** a atenção ou a consciência influenciam as outras características do modelo. Quando sua atenção se volta para um sentimento ou uma sensação física, a intensidade do sentimento ou da sensação pode aumentar da mesma forma que uma coceira se intensifica na cama à noite, quando você está menos distraído e mais consciente da coceira. Quando sua atenção se volta para um pensamento, essa consciência pode aumentar a frequência do pensamento. Quando sua atenção se concentra em um comportamento, essa consciência pode aumentar ou diminuir a frequência do comportamento.

Desse modo, o objetivo da TCC é aprender habilidades que influenciem sua atenção, pensar de modo razoável sobre os eventos e as situações e testar os pensamentos no mundo real para ver se eles são precisos ou não. Quando você pensar mais acuradamente ou de maneiras mais úteis, se sentirá melhor e estará mais disposto a fazer pequenas mudanças em seu comportamento. É nesse momento que as coisas de fato começam a mudar. O caminho para uma mudança profunda e duradoura é a mudança do seu comportamento. No entanto, você deve começar pela mudança do seu pensamento.

O MANUAL

Este manual inclui um conjunto de habilidades que você vai aprender e depois praticar repetidamente, à medida que os problemas surgirem, como a habilidade de respiração diafragmática ou a habilidade de identificar vieses mentais. Essas habilidades têm como alvo os fatores fundamentais que, segundo os especialistas, mantêm seu sofrimento emocional e interferem em uma vida plena e bem-sucedida. São muitas as habilidades da TCC, mas há dois tipos gerais de habilidades que costumam ajudar a maioria das pessoas com a maior parte dos problemas:

- **Habilidades internas:** estas habilidades da TCC focam basicamente o que está dentro de você: os pensamentos, a atenção e as manifestações

físicas dos sentimentos, como tensão e estresse. As habilidades internas incluem habilidades de relaxar seu corpo, mudar seu pensamento e melhorar sua capacidade de focar sua atenção.
- **Habilidades externas:** nem todos os problemas são problemas com a forma como você pensa. Existem problemas reais fora de você que são mais bem manejados com habilidades que podem mudar a situação. As habilidades externas incluem habilidades de se comunicar claramente, priorizar e desmembrar as tarefas ou programar e planejar com antecedência.

Algumas habilidades se desenvolvem a partir de habilidades prévias, por isso, é importante ler todos os capítulos do início ao fim quando utilizar este manual pela primeira vez. Você descobrirá que algumas habilidades funcionam melhor para você do que outras. Tudo bem, mas experimente todas pelo menos uma vez e depois decida quais delas são suas habilidades preferidas.

Este livro inclui muitos exemplos que tornam clara cada habilidade, além de folhas de atividade e folhas de registro para ajudá-lo a aprender e praticar as habilidades. Muitos desses materiais e das gravações em áudio das meditações estão disponíveis para *download* na página deste livro em loja.grupoa.com.br.

Além disso, este livro inclui exercícios experienciais para ajudá-lo a aprender uma habilidade de dentro para fora. Os exercícios podem incluir questionários para você completar, perguntas para você responder e atividades para você experimentar que o ajudem a entender uma habilidade e como ela pode ajudá-lo a se sentir melhor no momento presente.

No capítulo final, você aprenderá a integrar todas essas habilidades em um plano de ação para ajudá-lo a praticar, e este é o ponto. É provável que você não se sinta significativamente melhor simplesmente lendo este manual. Mudar esses padrões de pensamento disfuncionais e agir requer prática, mas não tanta prática quanto você imagina. Apenas 30 minutos por dia o ajudarão a se sentir melhor. É claro que você pode praticar mais, se quiser. Não há nenhuma desvantagem em praticar mais. De fato, quanto mais praticar, mais a habilidade se tornará automática. É nesse momento que você verdadeiramente notará uma mudança: com pouco esforço, você aplicará automaticamente uma das muitas habilidades que aprendeu.

Agora, pare por um momento e pense sobre por que você está lendo este manual. O que quer mudar em sua vida? O que você faz que gostaria de parar de fazer ou fazer algo mais útil em vez disso? Quais são as formas de pensar que fazem com que se sinta desnecessariamente ansioso, com raiva ou chateado? Como você gostaria de se sentir de modo diferente sobre si mesmo, sobre seu futuro ou sobre as pessoas em sua vida?

1. _____

2. _____

3. _____

O PÚBLICO

O público-alvo deste livro inclui dois grupos. O primeiro é de pessoas que estão em TCC e gostariam de um manual para ajudá-las a praticar habilidades desta terapia. Se você já está se encontrando com um terapeuta, leve este manual na sua próxima consulta para que você e seu terapeuta possam decidir quais habilidades seriam especialmente úteis em seu trabalho terapêutico conjunto.

O segundo grupo inclui as pessoas curiosas sobre a TCC e que querem aprender habilidades desta por conta própria. Com diligência e prática, as habilidades neste manual podem ajudá-lo a obter alívio significativo. No entanto, se você estiver tendo dificuldade para aprender a praticar as habilidades, procure os serviços de um terapeuta cognitivo-comportamental qualificado.

O CAMINHO A SER SEGUIDO

Talvez você já tenha experimentado outras terapias ou lido outros manuais e tenha pouca esperança de que alguma coisa possa ajudá-lo a viver uma vida mais confortável e plena. No entanto, há muitos motivos para que se sinta esperançoso. As habilidades da TCC deste manual são poderosas. Independentemente da sua genética ou dos momentos difíceis que já experimentou em sua vida, você pode aprender habilidades para gerenciar seu estresse, melhorar seus relacionamentos e, com o tempo, transformar sua vida.

Provavelmente você já ouviu o provérbio chinês "Uma jornada de mil milhas começa com o primeiro passo". Ele nos faz lembrar de uma verdade básica sobre mudança: independentemente do quanto seja fácil ou difícil mudar, o caminho a ser seguido começa com esse primeiro passo ou ação. O caminho a ser seguido é ler a primeira página, praticar a primeira habilidade e depois a seguinte e a seguinte. Este é o caminho a ser seguido: um pequeno passo de cada vez.

1

Habilidades motivacionais

Motivação é uma disposição para começar, continuar ou interromper um comportamento orientado a um objetivo (Wasserman & Wasserman, 2020). Em outras palavras, motivação é a disposição para agir na direção da mudança. A motivação pode mudar a cada dia e, algumas vezes, a cada minuto; além disso, ela é central para qualquer mudança comportamental, seja aumentar a frequência com que você faz exercícios, eliminar os lanches após o jantar, dominar seu *backhand* no tênis ou aprender e praticar habilidades da terapia cognitivo-comportamental (TCC).

As habilidades motivacionais são *habilidades internas*, pois seu alvo são as barreiras internas ao comportamento orientado ao objetivo: os pensamentos e os sentimentos que influenciam sua disposição para agir na direção da mudança. Um exemplo é quando está na hora de praticar uma habilidade de relaxamento, como relaxamento muscular progressivo, e você pensa: "Estou muito ocupado agora, farei mais tarde".

POR QUE AS HABILIDADES MOTIVACIONAIS SÃO IMPORTANTES?

A jornada até a mudança profunda e duradoura não é fácil nem simples. É por isso que habilidades para aumentar e manter sua motivação são essenciais. Neste capítulo, você utilizará as habilidades motivacionais de duas maneiras:

- **Para aprender e praticar as habilidades:** assim como a maioria das habilidades que você aprendeu na vida – andar de bicicleta, digitar ou fazer amizades –, haverá momentos em que você se perguntará se é capaz de alcançar o que se propôs a fazer. Aprender e praticar as habilidades da TCC deste livro não são uma exceção. Prática é a chave, e motivação é a habilidade que o ajuda a praticar algo repetidamente.

- **Para enfrentar sentimentos desconfortáveis:** talvez não haja uma habilidade da TCC mais difícil de se praticar do que a de enfrentar (em vez de evitar) sentimentos ou emoções desconfortáveis. Se o seu objetivo é se impor, fazer mais amizades ou aumentar sua energia, é essencial que você pratique as habilidades aprendidas quando se sentia desconfortável ou sentia emoções dolorosas. A motivação se traduz em disposição, e esta é a chave para enfrentar o desconforto.

Uma noção de motivação

Você adquiriu este livro e está lendo este capítulo. Este é um ótimo primeiro passo. Ao mesmo tempo, embora a mudança comece com um primeiro passo, uma mudança duradoura requer persistência, e esta requer motivação. Para se ter uma noção do quanto pode ser difícil motivar-se para fazer alguma coisa, mesmo que essa coisa seja fácil, utilize a Folha de Registro da Noção de Motivação.

Instruções

1. Para se *ter uma noção de* motivação, estabeleça para si mesmo o objetivo de sentar-se e não fazer nada durante cinco minutos por dia, durante uma semana. Você não vai ouvir música, nem checar os *feeds* nas suas mídias sociais, nem meditar, nada. Você só vai ficar sentado, em silêncio, consigo mesmo.

2. Programe um temporizador para cinco minutos. Ao final destes, registre sua experiência na Folha de Registro da Noção de Motivação. Se você não fez o exercício, também anote sua experiência na parte da folha de registro referente àquele dia. Preste atenção às barreiras *internas*. Elas são os pensamentos (p. ex., "Farei mais tarde" ou "Isso é uma perda de tempo") e os sentimentos (p. ex., ansiedade, irritação ou tristeza) que surgiram e dificultaram a realização do exercício naquele dia. Talvez barreiras *externas* se coloquem no caminho (p. ex., você não conseguiu encontrar um local tranquilo para se sentar por cinco minutos ou tinha um grande projeto para concluir com um prazo iminente).

Folha de Registro da Noção de Motivação			
Dia	Hora	Você fez? (circule)	Se não fez, por que não? Quais foram as barreiras *internas* e *externas*?
Domingo		Sim Não	
Segunda-feira		Sim Não	
Terça-feira		Sim Não	
Quarta-feira		Sim Não	
Quinta-feira		Sim Não	
Sexta-feira		Sim Não	
Sábado		Sim Não	

Descreva o que aprendeu sobre sua motivação. Quais foram as barreiras internas e externas para sentar-se e não fazer nada durante cinco minutos por dia? Alguma coisa o surpreendeu no exercício?

___

___

___

___

___

___

___

___

___

___

___

___

Habilidade: Estabeleça objetivos

O estabelecimento de objetivos é uma habilidade motivacional porque, por definição, a motivação se concentra no aumento e na manutenção do comportamento voltado a objetivos. Da mesma forma que é inserido o endereço do seu destino no GPS antes de iniciar uma viagem, objetivos claros descrevem os passos (dobrar à esquerda, dobrar à direita, seguir em frente) que você seguirá para chegar ao seu destino e como saber que chegou. Por exemplo, se sucesso significa sentir-se menos ansioso, então o que você estaria fazendo de modo diferente? Você falaria com mais frequência com pessoas que não conhece bem? Você procrastinaria menos? Se sucesso significa sentir-se menos culpado, como isso se apresentaria em sua vida? Você diria "não" com mais frequência a solicitações para as quais normalmente diz "sim" porque se sente culpado em dizer "não"? Você compraria framboesas frescas mesmo quando se sentisse culpado porque acha que isso é esbanjar?

Os melhores objetivos são específicos e mensuráveis (Doran, 1981). Objetivos específicos e mensuráveis lhe dizem para onde você está se dirigindo, como chegar lá e quando chegou. Um objetivo específico e mensurável é geralmente um objetivo comportamental porque a melhor maneira de saber se você atingiu ou não um objetivo é olhar para o que se está ou não fazendo. Estes são alguns exemplos:

- Pergunte-se: "O que estou tentando alcançar ou com o que estou tentando lidar de modo diferente e em quais situações específicas?", "Como eu gostaria de agir ou me comportar de forma diferente?". Por exemplo, se seu objetivo geral é ser mais assertivo, seus objetivos específicos e mensuráveis poderiam ser: "Falar com meu chefe sobre um aumento de salário" ou "Sugerir um filme à minha amiga em vez de esperar que ela decida".
- Pergunte-se: "Se eu atingisse meu objetivo, o que estaria fazendo de forma diferente?" ou "Como eu estaria reagindo às situações de forma diferente?". Por exemplo, se seu objetivo geral é melhorar sua autoestima, seu objetivo específico e mensurável poderia ser: "Compartilhar com meus colegas de trabalho o que realizei nesta semana" ou "Namorar pessoas que são tão bem-sucedidas quanto eu".
- Pergunte-se: "Se eu atingisse meu objetivo, o que seria diferente na minha vida?". Por exemplo, se seu objetivo geral é sentir-se menos deprimido, seu objetivo específico e mensurável poderia ser: "Semanalmente, sair com amigos em um dia do fim de semana" ou "Fazer exercícios por 20 minutos, duas vezes por semana".

Examine a folha de atividade de exemplos e depois estabeleça seus próprios objetivos preenchendo a Folha de Atividade: Objetivos Específicos e Mensuráveis.

Instruções

1. Inicie com um objetivo geral, mas repense este em termos de objetivos específicos e mensuráveis a longo prazo, médio prazo e curto prazo. Para ajudar, lembre-se de fazer a si mesmo as perguntas que você aprendeu.
2. Descreva um pequeno passo que você pode dar hoje para se aproximar de seus objetivos.

Folha de Atividade: Objetivos Específicos e Mensuráveis

Objetivo geral	Longo prazo	Médio prazo	Curto prazo
Ficar menos irritado com meus amigos.	Não explodir a cada coisa que meus amigos fazem ou dizem.	Responder com calma e sorrir diante de pequenas coisas que meus amigos dizem ou fazem.	Sair da situação se sentir que vou explodir.
Relacionar-me melhor com meu cônjuge.	Sair com meu cônjuge uma vez por semana e passar um fim de semana fora a cada três meses.	Concordar em assistir a um filme que meu cônjuge queira assistir e sugerir caminhadas curtas pela vizinhança com ele.	Não explodir a cada pequena coisa que meu cônjuge esquecer de fazer, como não fechar as portas do armário ou não colocar os pratos sujos na lavadora.
Cuidar melhor da minha saúde.	Fazer algum exercício aeróbico pelo menos três vezes por semana e fazer refeições saudáveis pelo menos três vezes ao dia.	Perder três quilos este mês.	Dar uma volta na quadra todas as manhãs antes do trabalho e, aos sábados, ir de bicicleta até a feira de produtores rurais.

(Continua)

Folha de Atividade: Objetivos Específicos e Mensuráveis (Continuação)

Objetivo geral	Longo prazo	Médio prazo	Curto prazo
Ser mais assertivo.	Expressar minhas preferências, meus limites e minhas opiniões para meus amigos, meus familiares, meus colegas e meu supervisor de forma confortável e sem reservas.	Dizer não a solicitações irracionais do meu supervisor (p. ex., dizer-lhe para não me ligar nos finais de semana ou à noite).	Expressar minhas opiniões para meus amigos.
Sentir-me menos ansioso.	Fazer mais atividades sozinho, sentir-me menos ansioso ao falar com pessoas que não conheço bem, tentar coisas novas com os amigos, oferecer-me para fazer coisas que nunca fiz antes no trabalho.	Cumprimentar estranhos e não controlar meus filhos com tanta frequência (p. ex., enviar menos mensagens de texto, não ligar se eles não responderem à minha primeira mensagem, não perguntar repetidamente se eles terminaram seu dever de casa).	Fazer apresentações no trabalho.
Aumentar minha autoestima.	Namorar pessoas que acho que estão "um pouco fora do meu alcance", falar com meu chefe sobre uma promoção, passar mais tempo com os amigos nos finais de semana.	Usar roupas de que gosto e expressar minhas preferências para meus amigos e meus familiares.	Aceitar elogios de outras pessoas com um sorriso e um agradecimento.

Folha de Atividade: Objetivos Específicos e Mensuráveis			
Objetivo geral	Longo prazo	Médio prazo	Curto prazo

Habilidade: Considere os custos e os benefícios da mudança

Esta é uma habilidade que aumenta a motivação por meio da consideração cuidadosa dos custos e dos benefícios da mudança comparados com os custos e os benefícios de se manter da maneira como está. A motivação diminui quando você foca de maneira excessiva nas razões para se manter como está. Talvez você diga para si que se manter como está agora não é tão ruim no dia de hoje porque você está ocupado e não pode desperdiçar 10 minutos para praticar uma habilidade de *mindfulness*. Ou você pode se convencer de que a vida já é suficientemente difícil, então por que deveria se sentir ainda mais desconfortável praticando uma das habilidades de desenvolvimento de tolerância ao desconforto? Você deverá considerar os custos e os benefícios em duas etapas separadas.

Instruções

Examine a folha de atividade de exemplos e depois escolha uma situação sua para avaliar com a Folha de Atividade: Examine os Custos e os Benefícios da Mudança.

1. Reserve alguns minutos e reflita sobre todos os custos e os benefícios de mudar.
2. Faça a mesma coisa para a opção de manter-se como está. Seja honesto. Você não atingirá seus objetivos minimizando os custos de mudar ou enfatizando excessivamente os benefícios de se manter como está agora.

Folha de Atividade: Examine os Custos e os Benefícios da Mudança		
Situação: Enfrentar o medo de ataques de pânico		
	Custos	**Benefícios**
Mudar	E se eu tiver ainda mais ataques de pânico? Talvez eu descubra que nunca vou me sentir melhor. Quase não tenho tempo para fazer meu trabalho. Como farei isto também?	Não me preocuparei tanto sobre ter um ataque de pânico. Conseguirei manter meu emprego e progredir em minha carreira. Me sentirei melhor sobre mim se eu superar minhas preocupações.
Não mudar	Meu mundo ficará cada vez mais restrito. Não conseguirei ter ascensão na empresa porque sou ansioso demais. Ficarei ainda mais dependente do meu parceiro, o que cria tensão no nosso relacionamento.	É mais fácil não enfrentar meu medo. Talvez eu não esteja preparado para o meu emprego. Eu poderia simplesmente sair e me sentir melhor imediatamente. Há dias em que isso não é tão ruim. Talvez tudo isso desapareça por conta própria.

Folha de Atividade: Examine os Custos e os Benefícios da Mudança	
Situação:	

	Custos	Benefícios
Mudar		
Não mudar		

Examine novamente os custos e os benefícios da mudança

Talvez você tenha se concentrado em um dos lados da equação por tanto tempo – os custos da mudança ou os benefícios de manter-se como está – que acabou desenvolvendo visão de túnel e está excessivamente focado em manter-se como está. A habilidade a seguir pode ajudá-lo a ampliar um pouco mais sua visão para que a mudança pareça não só possível mas também desejável. Observe a Folha de Atividade: Examine os Custos e os Benefícios da Mudança que você desenvolveu para uma situação na habilidade anterior. Então examine novamente os custos e os benefícios da mudança com a Folha de Atividade: Examine Novamente os Custos e os Benefícios da Mudança.

Instruções

1. Imagine que você convida um amigo ou um parente de confiança para fornecer o contraponto aos seus argumentos: as desvantagens de mudar e as vantagens de permanecer como está.
2. Imagine como essa pessoa poderia desafiar seus pressupostos de maneira não crítica e atenciosa e registre suas respostas para as seguintes perguntas:
   - Há alguma visão diferente deste argumento?
   - Você está perdendo alguma oportunidade?
   - Há outras possibilidades que você poderia buscar?
   - Há outra forma de ver este argumento que aumentaria sua motivação?
   - Há outra maneira de modificar as desvantagens de mudar ou as vantagens de se manter como está de forma que o encoraje a tentar?

Folha de Atividade: Examine Novamente os Custos e os Benefícios da Mudança		
Situação: Enfrentar o medo de ataques de pânico		
	Custos	**Contraponto**
Mudar	E se eu tiver ainda mais ataques de pânico?	Tudo o que li sobre ataques de pânico me diz que, se eu praticar algumas das habilidades deste livro, provavelmente terei menos ataques de pânico, e não mais.
	Talvez eu descubra que nunca vou me sentir melhor.	Mesmo com as habilidades que pratiquei até aqui, já estou me sentindo um pouco melhor.
	Quase não tenho tempo para fazer meu trabalho. Como farei isto também?	Sim, meu trabalho é uma loucura, mas a vida pode ficar um pouco mais fácil se eu praticar as habilidades que aprendi.
	Benefícios	**Contraponto**
Não mudar	É mais fácil não enfrentar meu medo.	Sim, é mais fácil não enfrentar meu medo, mas minha vida está ficando cada vez mais restrita e mais difícil à medida que o tempo passa.
	Talvez eu não esteja preparado para o meu emprego. Eu poderia simplesmente sair e me sentir melhor imediatamente.	Deixar meu emprego não resolve o problema. Se eu deixasse meu emprego, provavelmente me preocuparia ainda mais com dinheiro e sobre encontrar outro emprego.
	Há dias em que isso não é tão ruim. Talvez tudo isso desapareça por conta própria.	Tenho tido dificuldades há meses. Já reduzi meu nível de estresse, mas minha ansiedade ainda é muito alta. Se ela fosse desaparecer por conta própria, isso já teria acontecido.

Folha de Atividade: Examine Novamente os Custos e os Benefícios da Mudança		
Situação:		
	Custos	Contraponto
Mudar		
	Benefícios	Contraponto
Não mudar		

Habilidade: Considere as preocupações dos outros

Provavelmente você tem pessoas em sua vida que o amam e se importam com você. É provável que elas tenham dito que estão preocupadas com você e com suas dificuldades. Embora seja essencial que a motivação para mudar venha de dentro de você, as preocupações dos outros podem encorajá-lo a prosseguir em sua jornada quando sua motivação diminuir. Registre suas respostas na Folha de Atividade: Considere as Preocupações dos Outros.

Instruções

1. Na coluna *Pessoas*, liste os nomes de pessoas em sua vida (amigos, familiares, colegas, professores, vizinhos, líderes religiosos) que expressaram preocupações com você e com suas dificuldades.

2. Na coluna *Preocupações*, liste as razões específicas que elas compartilharam com você. Tente ser o mais específico possível. Isso ajuda a traduzir as preocupações em comportamentos, ou o que você está fazendo ou não está fazendo. Por exemplo, se a preocupação for "Você está muito deprimido", liste o que a pessoa observa quando você está deprimido (p. ex., dorme a maior parte do dia, recusa convites para atividades divertidas).

3. Na coluna *Razões*, liste as razões para as preocupações dessas pessoas. As razões para suas preocupações incluem não só os efeitos que elas observam em você, mas também os efeitos que observam nelas mesmas e nos outros. Por exemplo, você pode anotar na coluna *Razões* a sobrecarga que seu cônjuge sente por ter que cuidar da casa e das crianças porque você adia fazer as coisas.

4. Reflita sobre cada uma das preocupações e razões. Pergunte a si mesmo se você consegue entender o ponto de vista das outras pessoas, mesmo que apenas um pouco. Se você discordar das suas preocupações e das suas razões, considere o que faz sentido em relação às preocupações e por que possivelmente as pessoas veem isso como uma preocupação. Anote isso na coluna *Razões* também. Você poderá revisar a folha de atividade com um amigo ou um familiar de confiança e ouvir o que ele pensa sobre as preocupações e as razões. Essa pessoa concorda ou discorda das preocupações? Ela tem suas próprias preocupações? Coloque essa folha de atividade em um local privado e leia a lista de *Preocupações* e *Razões* quando sua motivação diminuir.

Folha de Atividade: Considere as Preocupações dos Outros		
Pessoas	Preocupações	Razões

SIGA SEUS VALORES

Você aprendeu a examinar os custos e os benefícios de mudar e de manter-se como está. Além disso, aprendeu a desafiar os benefícios de manter-se como está e desenvolveu um novo ponto de vista para ajudar a motivá-lo para mudar. No entanto, talvez você precise de mais do que esses benefícios e custos para motivá-lo. Você pode precisar de razões mais profundas para mudar. Agora, dê uma olhada em outra habilidade que pode motivá-lo: siga seus valores.

Valores não são o mesmo que objetivos (Hayes, Strosahl, & Wilson, 2016), são uma direção ou um curso (navegar para o sul ao longo da costa da Califórnia), e objetivos são destinos ou pontos específicos (San Francisco, Santa Bárbara, Los Angeles, San Diego) ao longo do caminho enquanto você se movimenta na direção de determinado valor. Os valores são um processo, e os objetivos são um resultado. Por exemplo, integridade é um valor, e falar com verdade e sensibilidade com os colegas e amigos é um objetivo. Saúde é um valor, e visitar seu médico anualmente é um objetivo. Os valores não são desejos, vontades ou preferências (como sexo, dinheiro ou comida indiana), e sim são verdades, crenças ou entendimentos. Alguns valores, como caridade ou generosidade, estão a serviço de outras pessoas. Outros valores, como criatividade ou espiritualidade, estão mais frequentemente a serviço de seu próprio bem-estar e seu crescimento. Os valores agregam significado, propósito e direção a nossas vidas e, dessa forma, nos motivam de modo mais profundo. Há duas etapas para seguir seus valores:

1. Identifique os valores que o motivarão.
2. Desenvolva declarações de ação comprometida com valores.

Habilidade: Identifique seus valores

A identificação dos valores centrais é um processo de reflexão e descoberta. Poucos de nós dedicam tempo para identificar o que é verdadeiramente importante para nós. Isso não quer dizer que seus valores não o estão orientando e motivando. Se você é apaixonado por alguma coisa, seja jogar basquete ou concorrer a um cargo político, um valor central provavelmente está guiando o caminho.

Instruções

1. Leia a lista inteira das palavras para os valores na Folha de Atividade: Identifique os Valores. Enquanto lê as palavras para os valores, pergunte a si mesmo:
    - O que quero defender quando se trata de um valor?
    - Ao ouvir pessoas falando sobre o que elas admiram em mim, quais palavras eu quero ouvir?
2. Ao lado de cada palavra, escreva 1, 2 ou 3 (1 = mais importante, 2 = importante e 3 = não importante). Dentre essas palavras para os valores mais importantes, escolha 10. Depois disso, a partir dessas 10 palavras, escolha três a cinco das mais importantes. Escreva essas palavras nas linhas da parte inferior da folha de atividade.

Folha de Atividade: Identifique os Valores		
Amizade	Empatia	Liberdade
Amor	Entusiasmo	Obediência
Aprendizagem	Equidade	Ordem
Autonomia	Espiritualidade	Originalidade
Aventura	Excelência	Paciência
Beleza	Família	Paz
Bondade	Felicidade	Persistência
Capacidade de decisão	Flexibilidade	Perspectiva
Clareza	Força	Perspicácia
Colaboração	Harmonia	Poder
Competência	Honestidade	Prestígio
Competição	Honra	Produtividade
Compromisso	Humor	Prosperidade
Comunicação	Imparcialidade	Qualidade
Confiabilidade	Independência	Realização
Controle	Influência	Reconhecimento
Cooperação	Iniciativa	Relacionamentos
Coragem	Inovação	Respeito
Criatividade	Integridade	Sabedoria
Curiosidade	Inteligência	Saúde
Desafio	Intencionalidade	Senso de comunidade
Diversão	Intuição	Serviço
Diversidade	Justiça	Simplicidade
Eficácia	Lealdade	Sinceridade
Eficiência	Legado	Tolerância
_____	_____	_____

Agora que você identificou três a cinco dos valores mais importantes, descreva o quanto eles se alinham com seu comportamento real.

_____
_____
_____
_____
_____
_____
_____
_____
_____
_____
_____

Desenvolva declarações de ação comprometida com valores

Nesta próxima etapa, você desenvolverá declarações de ação comprometida com valores que utilizará para se motivar quando sua motivação diminuir. Em outras palavras, você traduzirá os valores em ação. Valores em ação são ações comprometidas (Hayes et al., 2016), e estas incluem sua disposição para praticar com consistência as habilidades deste livro, bem como enfrentar o desconforto, tudo isso a serviço dos seus valores. Por exemplo, se o seu valor é integridade, você dirá a verdade quando um amigo pedir sua opinião, independentemente do quanto está preocupado que ele possa ficar chateado com você. Ou, se seu valor são os relacionamentos, você enfrentará o desconforto dos primeiros encontros e praticará as habilidades de comunicação deste livro. Examine a folha de atividade de exemplos e depois use a Folha de Atividade: Desenvolva Declarações de Ação Comprometida com Valores para desenvolver uma série dessas declarações e assim motivar-se a qualquer momento, mas em especial quando sua motivação diminuir.

Instruções

1. Ao lado de *Palavra para o valor*, escreva uma de suas três a cinco palavras para o valor mais importantes.
2. Ao lado de *Ação comprometida com o valor*, escreva um comportamento ou uma ação que seja consistente com esse valor e que o atenda. Muitas vezes, isso será o oposto do que você está evitando fazer ou iniciar. Por exemplo, se está evitando praticar as habilidades de relaxamento deste livro porque está muito ocupado e não consegue encontrar tempo, então o oposto disso seria praticar uma habilidade de relaxamento todos os dias, independentemente do quanto estiver ocupado. Pergunte-se: "O que eu poderia fazer que não estou motivado a fazer?". É praticar uma habilidade específica do manual? É praticar uma habilidade quando você está desconfortável, como pedir ao seu chefe um aumento de forma assertiva ou fazer algumas atividades agradáveis quando está se sentindo deprimido?
3. Ao lado de *Declaração de ação comprometida com o valor*, escreva uma ou duas sentenças que combinem a palavra para o valor e a ação comprometida com o valor. Tente tornar a declaração clara e poderosa.
4. Antes de praticar uma habilidade que o deixa desconfortável, ou sempre que notar que está adiando a prática de uma habilidade ou que perdeu sua motivação para tentar, feche os olhos e repita a declaração de ação comprometida com o valor para si mesmo por diversas vezes. Imagine-se executando a ação comprometida com o valor. Depois, quando iniciar tal ação, repita a declaração em voz baixa, como se estivesse falando sozinho sobre isso.

Folha de Atividade: Desenvolva Declarações de Ação Comprometida com Valores	
Palavra para o valor	Integridade
Ação comprometida com o valor	Expressar minhas opiniões sinceramente.
Declaração de ação comprometida com o valor	Para agir com integridade, expressarei minhas opiniões com sinceridade para Glória, mesmo estando preocupado que ela me ache idiota.
Palavra para o valor	Relacionamentos
Ação comprometida com o valor	Resolver conflitos.
Declaração de ação comprometida com o valor	Para fortalecer a aprofundar meus relacionamentos, vou telefonar para Irma e pedir desculpas, embora eu receie que ela fique chateada comigo.
Palavra para o valor	Eficiência
Ação comprometida com o valor	Enviar e-mails rapidamente.
Declaração de ação comprometida com o valor	Para agir com eficiência, lerei os e-mails apenas uma vez e então os enviarei, mesmo estando preocupado que tenha cometido um erro.
Palavra para o valor	Aprendizagem
Ação comprometida com o valor	Aprender e praticar as habilidades de relaxamento deste manual.
Declaração de ação comprometida com o valor	Para aprender e melhorar minha vida, praticarei duas habilidades de relaxamento todos os dias.

Folha de Atividade: Desenvolva Declarações de Ação Comprometida com Valores	
Palavra para o valor	
Ação comprometida com o valor	
Declaração de ação comprometida com o valor	
Palavra para o valor	
Ação comprometida com o valor	
Declaração de ação comprometida com o valor	
Palavra para o valor	
Ação comprometida com o valor	
Declaração de ação comprometida com o valor	
Palavra para o valor	
Ação comprometida com o valor	
Declaração de ação comprometida com o valor	

Habilidade: Ensaie mentalmente

Uma forma simples de aumentar sua motivação para tentar algo é primeiro ensaiar essa ação mentalmente. Também é uma ótima forma de praticar antes de tentar realizar uma tarefa. Por exemplo, digamos que você está planejando pedir um aumento ao seu chefe e está hesitando porque se sente um pouco nervoso. Ensaiar repetidamente em sua mente o que você dirá aumentará sua confiança e, assim, aumentará sua motivação para tentar. Na verdade, você pode ensaiar primeiro em sua cabeça praticamente qualquer habilidade deste manual. Por exemplo, você pode se imaginar passando pelas etapas de resolução de um problema antes de tentar na prática.

Instruções

1. Encontre um local tranquilo onde ninguém o perturbará por 10 minutos.
2. Em uma folha de papel em branco, escreva as etapas da tarefa que você ensaiará mentalmente. Por exemplo, se a tarefa for falar com seu chefe sobre um aumento, liste todas as etapas para fazer isso. Inclua as experiências sensoriais detalhadas nas etapas que descrever para fazer a cena parecer mais real. Imagine o que você *vê* à sua volta (p. ex., a cor das paredes, o que as pessoas estão vestindo) e os sons que você *escuta* (p. ex., música, as vozes das pessoas ou sua própria voz enquanto fala). Sinta a temperatura na sua pele. Você sente frio ou calor? Quanto mais rica for a cena que imaginar, mais poderosa será a experiência que você criará. E o que é mais importante: descreva a aplicação da habilidade ou a realização da tarefa de maneira bem-sucedida. Por exemplo, se a cena for pedir um aumento ao seu chefe, descreva a aplicação da habilidade de assertividade e depois imagine que seu chefe diz: "Você merece um aumento. Vamos conversar sobre de quanto ele será".
3. Depois que tiver escrito a cena, leia o roteiro por diversas vezes para se familiarizar com ele. Agora feche os olhos e respire de forma lenta por um minuto. Quando estiver pronto, ensaie mentalmente a cena que escreveu. Lembre-se de imaginar que você aplicou a habilidade com sucesso.

Descreva o efeito que teve em sua motivação o fato de ter ensaiado uma habilidade mentalmente antes de experimentá-la de fato.

_____
_____
_____
_____
_____
_____
_____
_____
_____
_____
_____

Habilidade: Sente-se na outra cadeira

Esta é uma habilidade poderosa e divertida para aumentar sua motivação. A habilidade é baseada na técnica da cadeira vazia desenvolvida na terapia do psicodrama (Moreno, 2014). De certo modo, você tenta se convencer a tentar. Mesmo que não tente, você aprenderá por que não está disposto a tentar algo que poderia ajudá-lo a se sentir melhor e a se sair melhor.

Instruções

1. Encontre uma sala silenciosa que tenha duas cadeiras. Coloque-as uma de frente para a outra. Em sua mente, nomeie uma das cadeiras como "Tentar" e a outra como "Não tentar".

2. Sente-se na cadeira "Não tentar". Imagine que está olhando para seu *alter ego* "Tentar" sentado na cadeira "Tentar" à sua frente. Agora fale com esse *alter ego* e lhe apresente todas as razões para não tentar. Não se contenha.

Apresente todas as razões possíveis que conseguir imaginar para não tentar.

3. Agora passe para a cadeira "Tentar". Imagine que está olhando para seu *alter ego* "Não tentar" sentado na cadeira "Não tentar" à sua frente. Agora fale com esse *alter ego* e apresente todas as razões que consegue imaginar para tentar. Rebata algumas das razões que seu *alter ego* "Não tentar" apresentou para não tentar.
4. Continue assim por vários minutos enquanto passa de uma cadeira para a outra. Continue até que tenha esgotado todas as razões concebíveis que conseguir pensar para tentar e não tentar.
5. Agora, em uma folha de papel em branco, escreva todas as boas razões que encontrou para tentar e os contrapontos para as razões que encontrou para não tentar.

Descreva o efeito que teve em sua motivação a habilidade. Sente-se na outra cadeira.

___
___
___
___
___
___
___
___
___
___
___
___
___
___
___

RESUMO

Como qualquer habilidade, sobretudo as que são novas e algumas vezes difíceis de aprender e praticar, persistência e disposição são o segredo para uma mudança profunda e duradoura. As habilidades motivacionais neste capítulo o ajudarão a aprender a praticar as outras habilidades deste livro, mas você voltará a utilizá-las repetidamente quando sua motivação diminuir e sua disposição vacilar. Você verá que isso é especialmente verdadeiro quando praticar as habilidades de exposição emocional posteriormente no manual. Enfrentar sentimentos desconfortáveis é uma habilidade desafiadora que precisa ser dominada. Conseguir manter sua motivação durante o processo é essencial.

No próximo capítulo, você aprenderá habilidades para atenuar a tensão física e a excitação que acompanham as emoções, sobretudo ansiedade, raiva e tristeza. As habilidades da TCC que abordaremos são um ponto por onde começar. Elas são fáceis de aprender e aplicar, podendo ajudá-lo a se sentir melhor imediatamente.

2
Habilidades de relaxamento

Se você está se sentindo ansioso, com raiva, culpado ou envergonhado, seu corpo provavelmente está tenso. As habilidades de relaxamento são *habilidades internas* porque focam na manifestação física dessas emoções, e são uma excelente introdução ao poder da terapia cognitivo-comportamental (TCC) porque são fáceis de aprender e praticar e podem lhe proporcionar algum alívio imediato. Talvez você tenha aprendido habilidades de relaxamento sozinho e já saiba em primeira mão o quanto elas podem ser úteis quando você quer acalmar seu sistema emocional. Há muitas habilidades de relaxamento utilizadas na TCC. Neste capítulo, você aprenderá dois tipos básicos:

- **Habilidades de respiração:** este conjunto de habilidades de relaxamento foca na profundidade e no ritmo da sua respiração. As habilidades de respiração são uma forma poderosa de acalmar seu corpo e sua mente rápida e facilmente e, assim, atenuar suas reações emocionais aos acontecimentos.
- **Habilidades de relaxamento muscular:** este conjunto de habilidades de relaxamento tem como alvo a tensão muscular. As habilidades de relaxamento muscular são uma forma efetiva de reiniciar seu sistema de excitação, e a prática diária pode inoculá-lo contra o acúmulo de estresse excessivo durante o dia.

Embora as habilidades de relaxamento apresentadas neste capítulo visem acalmar seu sistema emocional ao controlar sua respiração e relaxar seus músculos, a *atenção* também desempenha um papel ao acalmar seu sistema emocional. É por isso que essas habilidades de relaxamento incluem uma âncora no momento presente para a sua atenção. Na respiração abdominal, você observa a sensação da respiração no momento ou foca na repetição de uma palavra ou uma frase. No relaxamento muscular progressivo, você observa a sensação de tensão e depois de relaxamento de cada grupo muscular no momento presente. No relaxamento com imaginação, você foca sua atenção em uma imagem no momento presente. Aprender a dirigir sua atenção para o momento presente é uma técnica poderosa para acalmar tanto seu corpo quanto sua mente. No Capítulo 3, Habilidades de *mindfulness*, você aprenderá outras habilidades para aproveitar o poder da atenção para acalmar seu sistema emocional.

POR QUE AS HABILIDADES DE RELAXAMENTO SÃO IMPORTANTES?

As habilidades de relaxamento são importantes por três motivos:

- **Um corpo tenso tende a intensificar emoções, como raiva, ansiedade ou vergonha.** Talvez você tenha notado que quando está se sentindo fisicamente tenso, fica mais irritável e menos paciente. Um corpo tenso o prepara para reagir de maneira mais intensa aos eventos da vida. As habilidades de relaxamento diminuem a excitação e a tensão física, reduzindo, assim, a frequência e a intensidade das suas reações emocionais.

- **Um corpo tenso tende a aumentar a frequência de pensamentos disfuncionais.** Por exemplo, quanto mais tempo você se preocupa, mais difícil é parar. Isso acontece porque a tensão física aumenta a atividade da sua mente: mais tensão, mais pensamentos. Em pouco tempo você estará em um ciclo crescente de pensamentos, tensão física, mais pensamentos, mais tensão física. As habilidades de relaxamento acalmam o corpo e a mente, o que interrompe esse ciclo.

- **Quanto mais você se sentir ansioso, com raiva ou triste, mais fortemente acreditará que a situação (ou sua leitura da situação) é verdadeira.** Isto é chamado de raciocínio emocional. Por exemplo, se você se sente culpado por alguma coisa, talvez acredite que o sentimento de culpa "prova" que você fez algo de errado. Qualquer evidência de que não fez nada errado é ignorada ou rejeitada em favor da "verdade" assumida do sentimento. As habilidades de relaxamento atenuam sua reação emocional aos acontecimentos e, depois que estiver se sentindo mais calmo, será mais fácil para você dar um passo atrás e ver o que é verdadeiro em vez do que "parece" verdadeiro.

O objetivo das habilidades de relaxamento, como qualquer outra habilidade neste livro, é desenvolver sua capacidade de, automaticamente e sem pensar muito, passar para um estado ou uma atitude relaxada. É assim que a prática repetida de uma habilidade física desenvolve a "memória muscular". Esta possibilita que você receba um passe em um jogo ou toque a tecla correta do piano de forma rápida e automática.

COMO FUNCIONAM AS HABILIDADES DE RELAXAMENTO?

Seu sistema nervoso é composto por duas partes. O *sistema nervoso central* (SNC) controla a maioria das funções do seu corpo e da sua mente. O SNC inclui o cérebro e a medula espinal. O *sistema nevoso periférico* (SNP) inclui duas partes principais: o sistema nervoso somático e o sistema nervoso autônomo. O somático possibilita que você movimente seus músculos e transmite as informações dos seus ouvidos, do seu nariz e dos seus olhos para seu cérebro. O *sistema nervoso autônomo* (SNA) controla as funções corporais involuntárias, como a frequência cardíaca, a frequência respiratória e a digestão.

O SNA é composto por duas partes ou ramos: o ramo simpático e o ramo parassimpático. O ramo simpático ativa a resposta ao estresse. A tensão corporal faz parte da resposta ao estresse, associada a aumento na frequência cardíaca e na pressão arterial, funcionamento digestivo mais lento, aumento do fluxo sanguíneo nas extremidades e aumento na liberação de hormônios como a adrenalina para preparar seu corpo para se proteger de uma ameaça ou de uma situação difícil percebida. O ramo parassimpático se opõe ao simpático e ativa a resposta de relaxamento.

As habilidades de relaxamento focam o ramo parassimpático do SNA. A resposta de relaxamento restaura o corpo a um estado de calma quando a resposta ao estresse é desencadeada. Simplificando, a resposta de relaxamento é o oposto da resposta ao estresse do seu corpo – seu "interruptor de desligamento" para a tendência do corpo ao estresse. As habilidades de relaxamento são uma forma poderosa de mover seu corpo na direção de um estado de relaxamento fisiológico, em que a pressão arterial, a frequência cardíaca, o funcionamento digestivo e os níveis hormonais retornam ao normal.

HABILIDADES DE RESPIRAÇÃO MONITORADA

A respiração é fundamental para a vida e um índice sensível do seu estado emocional. O ritmo e a profundidade da sua respiração refletem o estado do seu sistema emocional, além de regulá-lo. O objetivo das habilidades de respiração é regular a profundidade e o ritmo em que você respira. A regulação da sua respiração acalma seu sistema nervoso (McCaul, Solomon, & Holmes, 1979; Clark &

Hirschman, 1990). A maioria das pessoas não tem consciência do modo como estão respirando, mas, em geral, há dois tipos de padrões respiratórios:

- **Respiração superficial (torácica):** esse tipo de respiração vem do peito e envolve respirações curtas e rápidas. Você provavelmente respira assim quando está se sentindo estressado, ansioso, com raiva ou aborrecido. Talvez você nem mesmo tenha consciência de que está respirando desse modo quando está abalado. A respiração superficial pode perturbar a troca de oxigênio e dióxido de carbono e, desse modo, aumentar a concentração de oxigênio no sangue. Um nível mais baixo de oxigênio dissolvido em seu sangue resulta em inúmeras sensações físicas desconfortáveis (p. ex., tontura, náusea, transpiração) e pode amplificar seu desconforto físico e emocional.

- **Respiração abdominal (diafragmática):** esse tipo de respiração é profundo e uniforme e envolve o diafragma, permitindo que seus pulmões se expandam e criando uma pressão negativa que conduz o ar através do nariz e da boca, enchendo os pulmões. É assim que os bebês recém-nascidos respiram naturalmente. É provável que você também esteja usando este padrão respiratório quando está em um estado relaxado de sono. A respiração abdominal estimula o sistema nervoso parassimpático (resposta de relaxamento), o que acalma seu sistema emocional.

Alerta: as habilidades de respiração a seguir são seguras para a maioria das pessoas. No entanto, se você tiver uma condição médica, como asma, doença pulmonar obstrutiva crônica (DPOC) ou outras condições pulmonares ou cardíacas, converse com seu médico antes de iniciar a prática.

Habilidade: Respire com seu abdômen

A respiração abdominal ou diafragmática é uma forma simples de regular a profundidade e o ritmo da respiração. Após se sentir mais à vontade com a respiração abdominal enquanto deitado, tente fazê-la sentado e depois em pé. Com a prática, você poderá mudar para a respiração abdominal ao longo do dia, quer esteja sentado em sua mesa ou em pé na fila do supermercado.

Instruções

1. Deite-se de costas, com os joelhos levemente flexionados e a cabeça sobre um travesseiro. Você também pode colocar um travesseiro sob os joelhos para apoiar.
2. Coloque uma mão na parte superior do peito e a outra abaixo da caixa torácica no abdômen. Observe como seu abdômen sobe a cada inspiração e desce a cada expiração. Se desejar, substitua a mão sobre o abdômen por um livro e coloque as mãos ao lado do corpo.
3. Agora imagine que um longo tubo se estende desde o seu nariz até um balão em seu abdômen. Inspire lentamente pelo nariz, sentindo seu abdômen subir sob sua mão. Se for difícil sentir seu abdômen subindo e descendo, deite de bruços e repouse a cabeça sobre as mãos dobradas. Inspire profundamente para que possa sentir seu abdômen fazer pressão contra o chão.
4. Após saber como é a sensação de respirar diafragmaticamente, desacelere e aprofunde sua respiração. Inspire de forma lenta pelo nariz e expire lentamente pelos lábios semicerrados, como se estivesse respirando por um canudo.
5. Concentre-se na lenta subida e descida do seu abdômen. Quando sua atenção se desviar da respiração para os pensamentos, os sentimentos ou as sensações físicas, apenas os observe e traga a atenção de volta à sua respiração.
6. Ao final de cada prática de respiração abdominal, observe e desfrute de como você se sente durante um minuto.
7. Pratique respiração abdominal por cinco minutos, uma ou duas vezes ao dia. De maneira gradual, estenda o tempo de prática para 20 minutos, duas vezes ao dia.

Habilidade: Respire em quatro tempos

A respiração em quatro tempos, também conhecida como respiração quadrada, é muito simples de aprender e praticar. Na verdade, se você já se pegou inspirando e expirando ao ritmo de uma música, já estará familiarizado com esse tipo de respiração ritmada.

Instruções

1. *Inspire* pelo nariz enquanto conta até quatro.
2. *Mantenha* o ar nos pulmões enquanto conta até quatro.
3. *Expire* pelo nariz enquanto conta até quatro.
4. *Mantenha* os pulmões vazios enquanto conta até quatro.
5. *Inspire* pelo nariz enquanto conta até quatro.
6. *Mantenha* o ar nos pulmões enquanto conta até quatro.
7. *Expire* pelo nariz enquanto conta até quatro.
8. *Mantenha* os pulmões vazios enquanto conta até quatro.
9. Repita o padrão por até 10 minutos.
10. Dedique alguns minutos adicionais e concentre-se em suas sensações corporais.

Habilidade: Respire 4-7-8

A habilidade de respiração 4-7-8 atua como um tranquilizante natural para o sistema nervoso. Uma respiração ritmada como essa é o método respiratório mais eficaz para melhorar o humor e diminuir a excitação fisiológica (Balban et al., 2023). A respiração suspensa (por sete segundos) é a parte mais crítica dessa prática. Essa pausa permite que o oxigênio volte a saturar sua corrente sanguínea. No entanto, o tempo absoluto que você passa em cada fase não é tão importante quanto a proporção de 4:7:8. Se você tiver dificuldade de prender a respiração por sete segundos, encurte o tempo durante o qual prende a respiração, mas mantenha a proporção de 4:7:8 durante as três fases. Com a prática, você poderá desacelerar sua respiração para se aproximar mais dessa proporção.

Instruções

1. Encontre um local silencioso onde possa sentar-se ou deitar confortavelmente. Coloque a ponta da língua no céu da boca, contra a crista do tecido atrás dos dentes superiores frontais. Mantenha a língua posicionada durante a prática.
2. Inspire silenciosamente pelo nariz enquanto conta até quatro para si mesmo.
3. Prenda a respiração enquanto conta até sete para si mesmo.
4. Expire pela boca, ao redor da língua, fazendo um som de sussurro enquanto conta até oito para si mesmo.
5. Pratique este padrão por quatro ciclos.

HABILIDADES DE RELAXAMENTO MUSCULAR

Edmund Jacobson foi um médico americano que, na década de 1930, propôs que um corpo relaxado é incompatível com sentimentos desconfortáveis, como ansiedade, estresse ou raiva (Jacobson, 1938). As habilidades de relaxamento muscular envolvem aprender a discriminar quando seus músculos estão tensos e quando eles estão relaxados, e como liberar essa tensão rápida e efetivamente.

Habilidade: Relaxe seus músculos progressivamente

O exercício de relaxar seus músculos progressivamente, também conhecido como relaxamento muscular progressivo (RMP), relaxa sua mente e seu corpo em duas etapas:

1. Aplique tensão muscular a uma parte específica do corpo. Esta etapa é essencialmente a mesma, independentemente do grupo muscular que você foca. Primeiro, concentre-se no grupo muscular alvo, por exemplo, sua mão esquerda. A seguir, respire de forma lenta e profunda e contraia os músculos com toda a força que puder por cerca de cinco segundos. Nesse caso, você cerraria o punho da sua mão esquerda. É importante *realmente sentir* a tensão nos músculos, o que pode até causar um pouco de desconforto ou de tremor. É fácil contrair acidentalmente outros músculos próximos (p. ex., o ombro ou o braço), mas tente contrair apenas os músculos específicos que você pretende atingir. Com a prática, vai ficando mais fácil isolar os grupos musculares.

2. Relaxe rapidamente os músculos contraídos. Após aproximadamente cinco segundos, permita que a rigidez flua saindo dos músculos contraídos. Expire enquanto executa esta etapa. Você sentirá que os músculos se tornam frouxos e flácidos quando a tensão se vai. *É importante focar deliberadamente e notar a diferença entre a tensão e o relaxamento. Esta é uma parte importante da habilidade.* Leva tempo para se aprender a relaxar o corpo e a discriminar entre tensão e relaxamento. De início, pode ser desconfortável focar em seu corpo, mas, com o tempo, isso pode se tornar muito agradável. Permaneça neste estado relaxado por cerca de 15 segundos e depois passe para o próximo grupo muscular. Repita as etapas de contração-relaxamento. Após concluir todos os grupos musculares, reserve algum tempo para desfrutar do estado de relaxamento profundo.

O RMP pode focar em quatro, oito, 12 ou 16 grupos musculares. O RMP a seguir enfatiza 16 grupos musculares. Se você sentir alguma dor ou desconforto quando contrair algum grupo muscular, sinta-se à vontade para pular essa etapa.

Para aumentar o estado de relaxamento, visualize seus músculos contraindo e uma onda de relaxamento fluindo por eles à medida que libera essa tensão.

Número	Grupos musculares	
4	Rosto	Abdômen e peito
	Braços, ombros e pescoço	Membros inferiores (pés e pernas)
6	Rosto	Abdômen
	Os dois braços	Peito por respiração profunda
	Ombros e pescoço	Os dois membros inferiores (pés e pernas)
8	Os dois braços	Ombros
	Os dois membros inferiores (pés e pernas)	Parte posterior do pescoço
	Abdômen	Olhos
	Peito por respiração profunda	Testa
12	Parte inferior dos braços	Ombros e parte inferior do pescoço
	Parte superior dos braços	Parte posterior do pescoço
	Parte inferior das pernas e pés	Lábios
	Coxas	Olhos
	Abdômen	Parte inferior da testa
	Peito por respiração profunda	Parte superior da testa
16	Parte inferior dos braços	Ombros, parte inferior do pescoço
	Parte superior dos braços	Parte posterior do pescoço
	Pernas	Lábios
	Pés	Olhos
	Coxas	Parte inferior da testa
	Abdômen	Parte superior da testa
	Peito por respiração profunda	

Instruções

1. Inicie encontrando uma posição confortável, sentado ou deitado, em um local onde não será interrompido. Permita que sua atenção se concentre apenas em seu corpo. Se começar a notar sua mente vagueando, traga-a de volta para o grupo muscular em que está trabalhando.
2. Respire profundamente pelo abdômen, prenda a respiração por alguns segundos e expire de maneira lenta. Mais uma vez, enquanto respira, observe seu estômago subindo e seus pulmões se enchendo de ar.
3. Contraia os músculos na sua testa elevando as sobrancelhas o mais alto que puder. Mantenha a tensão enquanto conta até cinco. Agora, libere abruptamente o sentimento de tensão. Faça uma pausa enquanto conta até 10 para si mesmo.
4. Agora sorria largamente, sentindo sua boca e suas bochechas tensas. Mantenha a tensão enquanto conta até cinco para si mesmo e depois libere. Observe a suavidade em seu rosto. Faça uma pausa enquanto conta até 10 para si mesmo.
5. Agora contraia os músculos dos olhos semicerrando as pálpebras com força. Mantenha a tensão enquanto conta até cinco para si mesmo e depois libere. Faça uma pausa enquanto conta até 10 para si mesmo.
6. Puxe suavemente a cabeça para trás como se olhasse para o teto. Mantenha a tensão enquanto conta até cinco para si mesmo e depois libere, sentindo a tensão se desfazer. Faça uma pausa enquanto conta até 10 para si mesmo. Sinta o peso da sua cabeça e do seu pescoço relaxados. Inspire e expire. Inspire e expire. Liberte-se de toda a tensão, estresse e desconforto.
7. Cerre os punhos com firmeza, mas sem esforço. Mantenha essa posição enquanto conta até cinco para si mesmo e depois libere. Faça uma pausa enquanto conta até 10 para si mesmo.
8. Agora flexione os bíceps. Sinta esse acúmulo da tensão. Visualize os bíceps ficando tensos. Mantenha essa posição enquanto conta até cinco para si mesmo e depois libere. Faça uma pausa enquanto conta até 10 para si mesmo. Desfrute da sensação de relaxamento. Inspire e expire.
9. Agora contraia os tríceps estendendo os braços e bloqueando os cotovelos. Mantenha essa posição enquanto conta até cinco para si mesmo e depois libere. Faça uma pausa enquanto conta até 10 para si mesmo.

10. Agora erga os ombros como se eles fossem tocar suas orelhas. Mantenha essa posição enquanto conta até cinco para si mesmo e depois libere rapidamente, sentindo seu peso. Faça uma pausa enquanto conta até 10 para si mesmo.

11. Contraia a parte superior das costas puxando os ombros para trás, tentando fazer as omoplatas se tocarem. Mantenha essa posição enquanto conta até cinco para si mesmo e depois libere. Faça uma pausa enquanto conta até 10 para si mesmo.

12. Contraia o peito inspirando profundamente. Mantenha essa posição enquanto conta até cinco para si mesmo e então expire lentamente toda a tensão. Faça uma pausa enquanto conta até 10 para si mesmo.

13. Agora contraia os músculos do estômago sugando para dentro. Mantenha essa posição enquanto conta até cinco para si mesmo e então libere. Faça uma pausa enquanto conta até 10 para si mesmo.

14. Contraia as nádegas. Mantenha essa posição enquanto conta até cinco para si mesmo e depois libere. Imagine os quadris relaxando. Faça uma pausa e conte até 10 para si mesmo.

15. Contraia as coxas pressionando seus joelhos um contra o outro, como se estivesse segurando uma moeda entre eles. Mantenha essa posição enquanto conta até cinco para si mesmo e depois libere. Faça uma pausa enquanto conta até 10 para si mesmo.

16. Agora flexione os pés, puxando os dedos na sua direção e sentindo a tensão nas panturrilhas. Mantenha essa posição enquanto conta até cinco para si mesmo e depois libere. Sinta o peso das suas pernas afundando. Faça uma pausa enquanto conta até 10 para si mesmo.

17. Aponte os dedos dos pés para baixo para contrair seus pés. Mantenha essa posição enquanto conta até cinco para si mesmo e depois libere. Faça uma pausa enquanto conta até 10 para si mesmo.

18. Agora imagine uma onda de relaxamento espalhando-se lentamente pelo seu corpo, iniciando pela cabeça e descendo até os pés. Sinta o peso do seu corpo relaxado. Inspire e expire enquanto desfruta da sensação de calor e relaxamento em seu corpo.

Habilidade: Apenas libere para relaxar

Após aprender a discriminar entre um corpo tenso e um corpo relaxado por meio do RMP, você pode encurtar o tempo necessário para relaxar seus músculos com a variação "apenas libere", que remove a etapa da contração no RMP. Por exemplo, em vez de contrair o abdômen e o peito antes de relaxá-los, você passa diretamente para o relaxamento dos músculos. De início, a sensação de relaxamento pode parecer menos intensa do que quando você contraiu os músculos anteriormente, mas, com a prática, a técnica de apenas liberar pode parecer igualmente relaxante.

A habilidade de apenas liberar funciona melhor após você praticar RMP com 16 grupos musculares por algumas semanas, depois uma ou duas semanas com 12 grupos musculares, depois uma ou duas semanas com seis grupos musculares e, por fim, várias semanas com quatro grupos musculares. Sinta-se à vontade para progredir pelos quatro grupos tão rápida ou tão lentamente quanto desejar, contanto que tenha dominado um grupo muscular antes de passar para o seguinte. As instruções a seguir para a habilidade de apenas liberar incluem o RMP de quatro grupos: 1) rosto; 2) braços, ombros e pescoço; 3) abdômen e peito; e 4) membros inferiores (pernas e pés).

Instruções

1. Respire profundamente pelo abdômen, prenda a respiração por alguns segundos e expire lentamente. Enquanto respira, observe seu abdômen subindo e seus pulmões se enchendo de ar.
2. Imagine o calor e o relaxamento fluindo até seu rosto enquanto você diz "libere" para si mesmo. Faça uma pausa enquanto conta até 10 para si mesmo.
3. Imagine o calor e o relaxamento fluindo até seus braços, seus ombros e seu pescoço enquanto diz "libere" para si mesmo. Faça uma pausa enquanto conta até 10 para si mesmo.
4. Imagine o calor e o relaxamento fluindo até seu abdômen e seu peito enquanto diz "libere" para si mesmo. Faça uma pausa enquanto conta até 10 para si mesmo.
5. Imagine o calor e o relaxamento fluindo até suas pernas e seus pés enquanto diz "libere" para si mesmo. Faça uma pausa enquanto conta até 10 para si mesmo.

Habilidade: Relaxe com um estímulo

A habilidade de relaxar com um estímulo, também conhecida como relaxamento controlado por estímulos, diminui o tempo necessário para relaxar seu corpo para um ou dois minutos. O objetivo desse relaxamento é construir uma ligação entre a resposta de relaxamento e uma palavra ou uma frase de estímulo, como "inspire" ou "deixe ir". Desse modo, você relaxa seu corpo rapidamente enquanto diz a palavra de estímulo para si mesmo. O relaxamento controlado por estímulos baseia-se no RMP de apenas liberar que você já aprendeu; portanto, assegure-se de ficar à vontade e confiante com o relaxamento de apenas liberar antes de praticar a habilidade de relaxamento controlado por estímulos.

Instruções

1. Em um local onde não será interrompido, sente-se de maneira confortável em uma cadeira, com as mãos sobre o colo, palmas viradas para cima e os pés apoiados no chão. Respire profundamente pelo abdômen, prenda a respiração por alguns segundos e expire de forma lenta. Enquanto expira, imagine-se lentamente soprando para longe a tensão do dia. Esvazie os pulmões enquanto sente seu abdômen e seu peito relaxarem.

2. Agora, utilizando a habilidade de relaxamento de apenas liberar, relaxe rapidamente cada um dos quatro grupos musculares: rosto; braços, ombros e pescoço; abdômen e peito; e pernas e pés. Tente relaxar completamente em 30 segundos ou menos, se possível.

3. Continue a respirar lenta e profundamente. Enquanto inspira, diga "inspire" para si mesmo. Enquanto expira, diga "deixe ir" para si mesmo.

    Inspire... Deixe ir...

    Inspire... Deixe ir...

    Inspire... Deixe ir...

    A cada inspiração, inale sentimentos de paz, conforto e tranquilidade. A cada expiração, exale a tensão, o desconforto e o estresse. Sinta-se à vontade agora enquanto seu abdômen e seu peito se movem com suavidade para dentro e para fora com as respirações lentas e relaxantes. A cada respiração, a sensação de relaxamento se aprofunda e se espalha pelo seu corpo.

4. Continue assim por vários minutos, repetindo para si mesmo "inspire" e "deixe ir" enquanto respira confortavelmente. Foque sua atenção nessas palavras à medida que elas surgem em sua mente e depois desaparecem. Sinta seus músculos relaxarem cada vez mais a cada respiração lenta e regular.
5. Continue a respirar profunda e lentamente enquanto diz "inspire" e "deixe ir" para si mesmo.

   Inspire... Deixe ir...

   Inspire... Deixe ir...

   Inspire... Deixe ir...

6. Continue a respirar enquanto diz essas palavras para si mesmo por mais alguns minutos. Sinta cada inspiração trazer tranquilidade, conforto e paz. A cada expiração, sinta a tensão, o desconforto e o estresse flutuarem para longe. Após 10 ou 20 minutos, e se tiver tempo, repita a habilidade de relaxamento controlado por estímulos.
7. Pratique o relaxamento controlado por estímulos duas vezes por dia. Como o objetivo desse relaxamento é aprender a relaxar rapidamente, preste atenção ao tempo necessário para relaxar profunda e completamente.

HABILIDADES DE RELAXAMENTO RÁPIDO

Muitas vezes, você não tem 10 minutos para respirar ou 30 minutos para relaxar seus músculos. Você precisa relaxar rapidamente naquele momento. Estas são algumas habilidades de relaxamento que ativam sua resposta de relaxamento de maneira rápida e fácil.

Habilidade: Aplique relaxamento no momento

A habilidade de aplicação de relaxamento rápido no momento é exatamente o que parece ser: relaxar de forma rápida quando estiver em um momento estressante ou que evoca ansiedade (Öst, 1987). Essa habilidade baseia-se em outras que você já aprendeu e praticou: RMP, relaxamento "apenas libere" e relaxamento controlado por estímulos.

A essa altura, é provável que você esteja muito consciente dos sinais de que seu corpo está tenso. É importante conhecer esses primeiros sinais de tensão física, juntamente com outros sinais de estresse ou perturbação intensa (p. ex., respiração acelerada, sudorese, taquicardia, tremor, náusea ou vertigem) para aplicar essa habilidade rapidamente para interromper a resposta ao estresse antes que ela se intensifique. Assim que notar algum sinal de estresse, siga estes três passos.

Instruções

1. Respire lenta e profundamente por duas ou três vezes.
2. Diga estas palavras calmantes (ou a palavra ou frase de relaxamento com a qual você praticou) para si mesmo enquanto continua a respirar lenta e profundamente:

    Inspire... Deixe ir...

    Inspire... Deixe ir...

    Inspire... Deixe ir...

3. Faça um *body scan* para detectar tensão e relaxe os músculos que não estão sendo requisitados neste momento para continuar sua atividade. Por exemplo, enquanto está sentado no computador para responder a um *e--mail* estressante de um colega de trabalho, relaxe os músculos do peito, do abdômen e das nádegas enquanto seus ombros, seus braços e suas mãos permanecem ativos enquanto digita.

Habilidade: Libere a tensão rapidamente

Esta habilidade de relaxamento rápido combina liberação da tensão muscular e imaginação. Com a prática, você provocará a resposta de relaxamento em alguns segundos, bastando imaginar que está espremendo um tubo de creme dental ou um limão e depois abrindo as mãos.

Instruções

1. Pegue duas bolas de tênis, uma em cada mão. Se não tiver bolas de tênis, use panos ou meias enroladas.
2. Feche os olhos e aperte as bolas de tênis enquanto se imagina apertando um tubo de creme dental ou espremendo o suco de um limão. Aperte enquanto conta até cinco, depois libere ao abrir as mãos.
3. Aperte novamente enquanto conta até cinco, depois libere enquanto abre as mãos. Repita três vezes.

Habilidade: Relaxe e renove-se

Quando um dia estressante conduz a outro, você pode ter a sensação de que está atravessando uma névoa de emoções intensas. Experimente esta habilidade simples de relaxamento rápido para sair dessa névoa emocional e ver as coisas como elas realmente são.

Instruções

1. Sente-se em uma cadeira confortável e feche os olhos.
2. Imagine que seu estresse é como uma névoa densa e pesada que gira à sua volta. Respire fundo várias vezes enquanto se imagina subindo uma colina.
3. A cada passo, diga com suavidade "relaxe e renove-se" para si mesmo enquanto sobe a colina e a névoa fica menos espessa.
4. Continue a se imaginar subindo a colina enquanto a névoa se torna cada vez mais fina, até atingir o topo da colina.
5. Agora, pare por um momento e olhe à sua volta. Abaixo de você está a névoa do estresse, agitando-se e rodopiando. Diante de você há cumes de montanhas majestosas, um céu azul brilhante e um lindo vale estendendo-se até onde sua vista alcança.
6. Respire fundo várias vezes enquanto diz com suavidade "relaxe e renove-se" para si mesmo. Encerre descansando alguns minutos acima da agitação do estresse que está aos seus pés.

RESUMO

As habilidades de relaxamento são estratégias poderosas para acalmar seu corpo e sua mente, e são fáceis de aprender e praticar. Apenas 10 ou 20 minutos por dia, pelo menos uma ou duas vezes por semana, podem fazer uma grande diferença em como você se sente. Além disso, algumas dessas habilidades corporais de tranquilização funcionam muito bem quando você está se sentindo estressado e quer reiniciar rapidamente seu sistema emocional.

No próximo capítulo, você aprenderá habilidades simples para aproveitar o poder da sua atenção. A mente e o corpo estão conectados: mente tensa, corpo tenso. Corpo tenso, mente tensa. As habilidades de *mindfulness* são uma forma poderosa de se sentir melhor no momento e de um momento para outro.

3

Habilidades de *mindfulness*

Mindfulness é o ato de estar plenamente consciente – do que está acontecendo dentro e fora de você – no momento presente, sem julgar ou criticar sua experiência ou a si mesmo. *Mindfulness* tem sido uma característica de muitas religiões há milhares de anos, do budismo ao hinduísmo, bem como no cristianismo, no islamismo e no judaísmo (Trousselard, Steiler, Claverie, & Canini, 2014). Mais recentemente, o *mindfulness* emergiu no ocidente como uma prática secular, embora mesmo a tradição ocidental de *mindfulness* esteja baseada nos fundamentos das religiões e nas tradições orientais (Kabat-Zin, 1982; 1990). O *mindfulness*, conforme praticado no ocidente, inclui:

- **Intenção de cultivar a consciência do momento presente (e retornar a ela repetidamente).** *Mindfulness* é o ato de escolher prestar atenção a uma coisa e não a outra. Embora a imersão no momento presente possa ocorrer de maneira espontânea, como quando você está absorto desenhando alguma coisa, *mindfulness* é uma habilidade que requer que você escolha ativa e repetidamente direcionar e redirecionar sua atenção para o momento presente.
- **Observar em vez de reagir ao que está ocorrendo no momento presente.** Temos tendência a nos afastarmos daquilo de que não gostamos. Assim sendo, é essencial que você cultive uma atitude sem julgamento, curiosa, bondosa e receptiva em relação a si mesmo e à sua experiência para se manter plenamente no momento presente. Se você estiver julgando a si mesmo ou à sua experiência, não estará prestando atenção ao que está acontecendo no momento. Se você estiver se criticando por um erro que cometeu duas semanas atrás em uma apresentação para sua equipe de trabalho, ou preocupando-se sobre cometer o mesmo erro na próxima semana quando se apresentar de novo, não estará focando no que está acontecendo agora. Em vez disso, você estará vivendo de um passado doloroso ou em um futuro ansioso.

As habilidades de *mindfulness* são *habilidades internas* porque seu foco está nas experiências internas – seus pensamentos, suas sensações físicas e suas ações – por meio do ato de direcionar sua atenção repetidamente para essas experiências quando elas surgem no momento presente e sem julgar ou criticar a si mesmo ou a suas experiências.

POR QUE AS HABILIDADES DE *MINDFULNESS* SÃO IMPORTANTES?

Estudos mostram que praticar habilidades de *mindfulness*, mesmo por apenas algumas semanas, pode trazer diversos benefícios físicos, psicológicos e sociais. Por exemplo, as habilidades de *mindfulness*, de forma isolada ou em combinação com outras intervenções psicológicas, podem reduzir o estresse, a ansiedade e outras emoções negativas (Chambers et al., 2008; Hofmann, Sawyer, Witt & Oh, 2010). Para exemplificar, elas podem aumentar a eficácia de outras habilidades que você aprenderá neste livro, como as de exposição emocional e as de bem-estar emocional para a vida.

Experimente *mindfulness*

Mindfulness é uma prática que pode parecer misteriosa para muitas pessoas, mas não é. Você provavelmente já experimentou *mindfulness*, mas não sabia. Por exemplo, quando fez seu pedido em um restaurante caro, é provável que você tenha prestado atenção à refeição de uma forma que não faz em relação ao seu cereal pela manhã. Com uma refeição cara, talvez você pare um momento para olhar para a forma como a comida está arrumada no prato e a cor dos alimentos. Talvez você pare um momento para sentir o aroma da comida e sentir os aromas quentes e deliciosos que rodeiam seu rosto. Quando você prova a comida, presta atenção intensa aos sabores e à sensação da comida na sua boca. Isso é comer com atenção plena. Neste exercício, sua prática será comer uma uva-passa – embora qualquer alimento sirva – com essa mesma intenção.

Instruções

Vá para um cômodo onde não será perturbado. Desligue o telefone e sente-se em uma cadeira confortável. Leia as instruções a seguir e, se quiser, grave-as e depois as escute. Durante a prática da habilidade, foque sua atenção em cada aspecto da experiência no momento presente (segure, veja, toque, cheire, ouça, coloque, prove, engula, acompanhe).

1. **Segure:** pegue a uva-passa e a coloque na palma da mão ou entre seu dedo indicador e o polegar. Concentre-se na uva-passa e imagine que você chegou à Terra, vindo de um planeta distante, e nunca viu um objeto como este antes. Estude o peso e sinta a uva-passa em sua mão. Enquanto explora, mova a uva-passa em sua mão ou entre os seus dedos.
2. **Veja:** olhe para a uva-passa. Traga toda a sua atenção para ela enquanto explora com os olhos cada parte dela. Observe as dobras e onde a luz brilha. Observe as cavidades mais escuras, as dobras e os sulcos, e quaisquer assimetrias ou características únicas. Note a cor e as rupturas na pele da uva-passa e os cristais de açúcar na sua superfície.
3. **Toque:** toque a uva-passa e a vire entre seus dedos. Explore sua textura, talvez com os olhos fechados, se isso aguçar seu sentido do tato. Sinta a maciez, a dureza, a aspereza ou a suavidade enquanto a toca com delicadeza.
4. **Cheire:** segure a uva-passa próximo ao nariz. Inale sua fragrância. A cada inalação, assimile o cheiro, o aroma ou a fragrância que pode surgir. Enquanto inala, note qualquer coisa interessante que possa estar acontecendo na sua boca ou no seu estômago.
5. **Ouça:** traga a uva-passa para perto do seu ouvido. Agora, aperte-a e role-a entre os dedos. Fique atento a qualquer som. Você ouve um estalo, um esmagamento ou um farfalhar?
6. **Coloque:** agora traga lentamente a uva-passa até seus lábios. Note como sua mão e seu braço sabem exatamente como e onde posicioná-la. Talvez você tome consciência de que sua boca está salivando. Coloque gentilmente a uva-passa na boca. Deixe-a repousar sobre a língua sem mordê-la. Passe alguns momentos explorando a uva-passa com a língua. Note as sensações de ter a uva-passa em sua boca. Mova-a suavemente pela boca. Note o movimento da sua língua e dos seus maxilares.
7. **Prove:** quando estiver pronto, morda a uva-passa. Note como e onde ela precisa estar em sua boca para mastigá-la. Depois disso, muito conscientemente, dê uma ou duas dentadas na uva-passa. Note as ondas de sabor. Agora mastigue a uva-passa e note a saliva em sua boca e como a textura da uva-passa muda enquanto a mastiga. Sem engoli-la ainda, note as sensações do sabor e da textura em sua boca e como podem mudar com o tempo, momento a momento.

8. **Engula:** quando se sentir pronto para engolir a uva-passa, note as sensações enquanto se prepara para engoli-la. Agora, engula a uva-passa. Note as sensações enquanto ela se move até o fundo da língua e passa pela garganta.
9. **Acompanhe:** por fim, note a sensação da uva-passa enquanto ela desce pelo esôfago e segue até o estômago. Pare um momento para observar a sensação em seu corpo como um todo depois que concluir este exercício.

Enquanto praticou comer com atenção plena uma uva-passa, você deve ter notado sua mente se afastar da experiência no momento presente. Isso não é um problema. Na verdade, isso é normal e natural. Nossas mentes naturalmente nos distraem do momento presente. Quando reconhecer que sua atenção se afastou do momento presente, reconheça que isso aconteceu e, com suavidade, retorne sua atenção para a âncora no momento presente. Nesse caso, a âncora no momento presente foi a multiplicidade de experiências (cheiro, visão, gosto e tato) que você observou plenamente enquanto comia a uva-passa com atenção.

Descreva o que você observou (visão, cheiro, som, gosto e tato) enquanto comia a uva-passa (ou outro alimento). Quais pensamentos, lembranças ou imagens surgiram? Alguma coisa o surpreendeu no exercício?

_____
_____
_____
_____
_____
_____
_____
_____
_____
_____

TIPOS DE HABILIDADES DE *MINDFULNESS*

Há dois tipos de habilidades de *mindfulness* neste manual:

- **Habilidades formais:** as habilidades de *mindfulness* formais constroem uma prática consistente e regular. Sem uma prática formal, os benefícios de *mindfulness* não se mantêm ao longo do tempo.
- **Habilidades informais:** as habilidades de *mindfulness* informais integram uma atitude de atenção plena a atividades cotidianas, como andar ou comer, para generalizar os benefícios de *mindfulness* para a vida.

Prática de *mindfulness* formal

Em certo sentido, o objetivo de uma prática de *mindfulness* formal é construir sua capacidade mental de mudar rapidamente para uma atitude de atenção plena e sem muito esforço. A maioria dos especialistas em *mindfulness* diz que pelo menos 30 minutos por dia de prática de *mindfulness* são necessários para desenvolver essa capacidade. Não é necessário praticar 30 minutos desde o começo. Você pode chegar até os 30 minutos passo a passo, talvez com cinco minutos de cada vez. No entanto, o elemento mais importante para construir uma capacidade de atenção plena é praticar todos os dias.

Para construir uma prática de *mindfulness* formal, pratique as duas habilidades a seguir (*body scan* e anel de luz) três vezes por dia. Inicie com apenas dois minutos de prática de cada vez e acrescente um minuto à medida que se sentir mais confortável e confiante, até cinco minutos. Após atingir cinco minutos por prática, tente agrupar essas práticas de cinco minutos em uma única prática de 15 minutos. Depois que estiver confortável com uma prática de 15 minutos por dia, acrescente cinco minutos a cada semana até que sua prática diária seja de 30 minutos. Os benefícios desses períodos mais longos de prática de *mindfulness* podem durar muitas horas, o que faz valer a pena o tempo que você reservou para isso. Para ajudá-lo a se lembrar de praticar, associe a prática a algo que você faz todos os dias. Por exemplo, antes de tomar banho, antes de comer, antes de escovar os dentes ou antes de dormir.

Habilidade: Faça um *body scan* (varredura)

Um *body scan* é o fundamento da prática de mindfulness *formal* porque é fácil de aprender e de aplicar. Um *body scan* envolve mover de maneira sistemática sua atenção de uma parte do corpo para a seguinte, geralmente desde os pés até o topo da cabeça, observando quaisquer sensações físicas, como formigamento, rigidez, calor ou mesmo a ausência de sensações.

É melhor fazer o *body scan* deitado no chão ou em uma superfície macia, mas, se não puder se deitar, faça o *body scan* sentado em uma cadeira confortável. Leia em voz alta e grave o roteiro a seguir e o escute.

Instruções

Enquanto está deitado sobre alguma superfície, observe como é a sensação de estar deitado ali. Note as sensações presentes neste momento, note a temperatura, note os pontos de contato com o corpo e a superfície, note a subida e a descida do abdômen. Permita que o corpo repouse nessa posição e note as sensações enquanto inspira e expira.

Sentindo o ar entrando e saindo do seu corpo, vamos começar trazendo a atenção para os dedos do seu pé esquerdo. Com a inspiração, note as sensações presentes ou a falta de sensação. E então, com uma expiração, deixe os dedos dos pés e mova sua atenção para a planta do pé esquerdo, incluindo o calcanhar tocando o chão. Note todas as sensações presentes nessa região do corpo; note também como a falta de sensações é algo do que a mente pode estar consciente. Passe para a parte superior do pé e o tornozelo esquerdos, notando as sensações presentes ou a falta de sensações; agora passe para a parte inferior da perna, o joelho, a coxa e o quadril no lado esquerdo do corpo.

Agora mova a consciência para os dedos do pé direito e a planta do pé direito, incluindo o calcanhar tocando o chão. Traga a consciência para as sensações presentes nessa parte do corpo. Mova para a parte superior do seu pé e seus tornozelos direitos e faça um body scan *nessa região com consciência, notando as sensações presentes ou a falta de sensações. Agora passe para a parte inferior da perna, o joelho, a coxa e o quadril no lado direito do corpo.*

Agora traga a consciência para a região pélvica, notando as sensações presentes ou a falta de sensações.

Traga a consciência para a região lombar e o abdômen, a consciência do que há ali, sem julgamento ou avaliação, simplesmente notando com consciência.

Prossiga para o body scan *das costas, da caixa torácica e do peito.*

Passe agora para as omoplatas e os ombros, notando o que está presente nessas regiões do corpo.

A partir dali, vá para os dedos das mãos e as mãos, a esquerda e a direita juntas. Volte-se para os dedos, os polegares, as palmas e o dorso das mãos, notando o que há ali, notando as sensações presentes nas mãos e nos dedos.

Agora mova a consciência para os punhos, os antebraços, os cotovelos, os braços e os ombros, notando as sensações que estão presentes nessas regiões do corpo. Em uma expiração, deixe de lado os braços e as mãos.

Passe agora para o pescoço e a garganta, notando o que está e o que não está presente.

Passe para a cabeça e o rosto, fazendo uma varredura com consciência de mandíbula, queixo, lábios, dentes, gengivas, céu da boca, língua, parte posterior da garganta, bochechas e nariz. Sinta o ar entrando e saindo pelo nariz. Depois traga a consciência para as orelhas, os olhos, as pálpebras, as sobrancelhas, a testa, as têmporas e o couro cabeludo, tendo consciência de toda essa região.

Agora mantenha-se no momento presente com a respiração fluindo para dentro e para fora do corpo, simplesmente desperto para o que surgir e predominar em seu campo de consciência em determinado momento. Isso pode incluir os pensamentos ou os sentimentos, as sensações, os sons, a respiração, a quietude e o silêncio. Esteja com o que quer que surja, do mesmo modo que esteve durante o body scan.

Note sua tendência a reagir aos impulsos, aos pensamentos, às lembranças e às preocupações. Permita-se intencionalmente observá-los sem rejeitar ou perseguir. Pratique simplesmente o fato de ver e deixar ir, vendo e deixando ir. Sem nenhum outro objetivo além de estar presente e desperto.

Volte para a sala, totalmente desperto e presente. Ao chegarmos ao final desta prática, que possamos estar em paz e à vontade, que nossos corações estejam leves e abertos, que estejamos seguros e protegidos, e que nossos corpos estejam saudáveis e fortes.

Habilidade: Mantenha-se no anel de luz

O anel de luz é outra prática de *mindfulness formal*. A habilidade de *mindfulness* do anel de luz concentra-se essencialmente nas sensações físicas em seu corpo, e, se você é uma pessoa visual, o anel de luz pode funcionar melhor do que o *body scan*.

Antes de praticar a habilidade, leia as instruções para se familiarizar com a habilidade e depois mantenha essas instruções por perto para o caso de querer consultá-las enquanto pratica, ou, então, leia em voz alta e grave o roteiro a seguir e o escute.

Instruções

Respire algumas vezes lenta e profundamente e feche os olhos. Enquanto continua a respirar, imagine um anel de luz estreito que circunda o topo da sua cabeça como um halo. Imagine que a luz brilha com uma cor intensa – branco, azul, verde, amarelo –, a cor que você achar confortável e interessante.

Enquanto continua a respirar com os olhos fechados, observe as sensações físicas onde a luz toca. Talvez você note seu couro cabeludo formigando ou coçando. Talvez você note uma sensação de calor na sua testa ou acima das orelhas. Quaisquer que sejam as sensações que você notar, está tudo bem.

Agora imagine o anel de luz descendo lentamente em torno da sua cabeça, passando sobre o topo das suas orelhas, os olhos e o dorso do nariz. À medida que o anel desce, tome consciência do que você sente, mesmo as pequenas sensações. Observe qualquer tensão muscular ou desconforto que possa sentir no alto da sua cabeça e na testa.

Imagine o anel de luz continuando a descer sobre seu nariz, sua boca e seu queixo. Observe quaisquer sensações físicas que puder notar onde o anel de luz ilumina.

Continue a imaginar o anel de luz descendo em torno do seu pescoço e note qualquer sensação em sua garganta ou na parte posterior do pescoço e onde o pescoço toca seus ombros.

Agora imagine o anel de luz se alargando enquanto desce pelo seu tronco, desde os ombros até os bíceps. Note qualquer sensação, tensão muscular, formigamento, desconforto ou sensações agradáveis que possa sentir em seus ombros, na parte superior das costas e nos braços.

Enquanto continua a respirar lenta e profundamente, imagine o anel de luz descendo em torno dos seus braços e na direção de suas mãos. Note quaisquer sentimentos ou sensações onde a luz toca seus braços, seus cotovelos, seus antebraços, seus punhos, suas mãos e seus dedos. Tome consciência de qualquer formigamento, coceira ou desconforto que possa sentir nesses pontos do seu corpo.

Agora tome consciência da luz tocando seu peito, o meio das costas, as laterais do tronco, a região lombar e o estômago. Note qualquer desconforto ou tensão que sinta nesses locais, mesmo que seja pequeno.

À medida que o anel continua a descer na direção dos seus pés, tome consciência de quaisquer sensações na pelve, nas nádegas e na parte superior das pernas. Note quaisquer sensações nas partes anterior e posterior das pernas. Continue a observar o anel de luz descendo lentamente em torno de suas pernas, em torno de suas panturrilhas, suas canelas, seus pés e seus dedos dos pés. Note qualquer desconforto ou tensão que sinta nesses locais.

Note o anel de luz ficando mais fraco em torno dos seus pés e depois desaparecendo. Continue a respirar lenta e profundamente. Quando se sentir confortável e pronto, abra os olhos e traga sua atenção de volta para a sala.

Prática de *mindfulness* informal

O objetivo das habilidades de *mindfulness informal* é integrar uma atitude de atenção plena às atividades cotidianas. Diferentemente da prática formal que faz todos os dias por determinado período, você aplica a prática de *mindfulness* informal de modo breve, mas frequente, ao longo do dia. Desse modo, a prática informal é espontânea, flexível e está entrelaçada no tecido de cada dia. A aplicação das habilidades de *mindfulness* a momentos da sua vida não só cria momentos de tranquilidade como também aumenta o prazer e o significado da própria vida. Você aprenderá três habilidades simples de *mindfulness* informal: respirar com atenção plena, focar em um único objeto e agir com atenção plena.

Habilidade: Respire com atenção plena

Essa habilidade de *mindfulness* informal é sobre ancorar no momento presente, e talvez não haja melhor âncora em tal momento do que a respiração. Aonde quer que você vá, lá está você e lá está ela. Pratique respiração consciente por alguns minutos enquanto caminha, no final do seu almoço, durante uma reunião de trabalho ou enquanto assiste à televisão. Quanto mais você associar *mindfulness* às atividades na sua vida, mais se lembrará de adotar uma atitude de atenção plena em relação a elas.

Antes de praticar essa habilidade, leia as instruções para se familiarizar com ela e depois mantenha as instruções por perto, caso deseje consultá-las enquanto pratica, ou, então, leia em voz alta e grave o roteiro a seguir e depois o escute.

Instruções

Feche os olhos ou fixe-os em um ponto à sua frente e traga sua atenção para sua respiração. Observe sua respiração como se nunca tivesse respirado antes. Observe sua respiração como se você fosse um cientista curioso que deseja observar o processo muito de perto, sem julgamento. Observe o ar à medida que ele entra em suas narinas e desce até o fundo de seus pulmões, e note o ar saindo novamente. Note como o ar é um pouco mais frio quando entra e um pouco mais quente quando sai.

Observe a subida e a descida suave dos seus ombros a cada respiração [pausa por cinco segundos], e a subida e a descida lenta da sua caixa torácica [pausa por cinco segundos], e a subida e a descida confortável do seu abdômen [pausa por cinco segundos]. Agora deposite sua atenção em uma dessas áreas, a que você preferir, no movimento de inspiração e expiração das suas narinas ou na suave subida e descida dos seus ombros, ou na fácil subida e descida do seu abdômen. Deposite sua atenção nesse ponto e observe a entrada e a saída do ar durante a respiração.

Quaisquer que sejam os sentimentos, os impulsos ou as sensações que surgirem, sejam eles agradáveis ou desagradáveis, reconheça-os de forma gentil, como se estivesse acenando com a cabeça para alguém que passa por você na rua, e volte sua atenção para a respiração. [Pausa por 10 segundos.] Quaisquer que sejam as imagens ou as lembranças que surgirem, sejam elas confortáveis ou desconfortáveis, reconheça-as e deixe que estejam ali. Deixe-as ir e vir como quiserem e traga sua atenção de volta para a respiração.

De vez em quando, sua atenção desviará da respiração e, cada vez que isso acontecer, note o que o distraiu e depois traga sua atenção de volta para a respiração. Não importa a frequência com que você se distrai com seus pensamentos, cem ou mil vezes, simplesmente note o que o distraiu e traga sua atenção de volta para a respiração. [Pausa por 10 segundos.] Repetidamente, sua mente se desviará da respiração. Isso é normal e natural, e acontece com todo mundo. Nossas mentes naturalmente nos distraem do que estamos fazendo; portanto, cada vez que isso acontecer, reconheça gentilmente, note o que o distraiu e então traga sua atenção de volta para a respiração.

Se surgir frustração, aborrecimento, ansiedade ou outros sentimentos, simplesmente reconheça-os e traga sua atenção de volta para a respiração. [Pausa por 10 segundos.] Não importa a frequência com que sua mente se desvia: reconheça gentilmente, note o que o distraiu e traga sua atenção de volta para a respiração.

Habilidade: Concentre-se em um único objeto

Essa habilidade de *mindfulness informal* é uma ótima forma de praticar *mindfulness* em situações estressantes, como em uma reunião ou em uma conversa difícil com um amigo. Durante situações estressantes ou difíceis, sua mente é especialmente propensa a afastá-lo do momento presente, como se ela vagueasse de um pensamento para outro, pois o momento presente é onde você está se sentindo ansioso, frustrado ou culpado. Nesses momentos, você pode focar no botão da camisa da pessoa que está falando com você ou no padrão da sua gravata. Não importa o que é, contanto que você possa vê-lo enquanto continua a escutar e responder à pessoa.

Como com qualquer habilidade de *mindfulness*, você será distraído por seus pensamentos, pelas sensações físicas e por imagens, sons ou cheiros em seu ambiente. Não faz mal. Desde que reconheça que sua atenção se desviou e, gentil e suavemente, traga sua atenção de volta para o objeto, você estará se saindo muito bem. Prender sua atenção a um único objeto e mantê-la ali não é possível, e mesmo que fosse, isso não é *mindfulness*.

Antes de praticar essa habilidade, leia as instruções para se familiarizar com ela e depois as mantenha por perto para caso deseje consultá-las enquanto pratica, ou, então, leia em voz alta e grave as instruções e depois as escute.

Instruções

1. Escolha um pequeno objeto que possa ficar sobre uma mesa, que seja seguro tocar e que seja emocionalmente neutro, não carregado emocionalmente, como algo que seu ex-namorado lhe deu. Pode ser qualquer coisa: um relógio, uma caneta, uma caneca. Encontre um lugar confortável e tranquilo para se sentar, onde não será perturbado por alguns minutos. Coloque o pequeno objeto à sua frente.

2. Respire fundo e lentamente várias vezes. Depois disso, sem tocar o objeto, olhe para ele e lentamente explore com os olhos suas diferentes superfícies. Explore o objeto com curiosidade e interesse. Olhe para as diferentes características do objeto que está diante de você:
   - A superfície do objeto é opaca ou brilhante?
   - Ele é macio ou duro?
   - Ele é multicolorido ou tem apenas uma cor?
   - O que é único ou especial na sua aparência?

3. Agora pegue o objeto e segure-o na mão ou aproxime-se e toque o objeto. Note as diferentes sensações do objeto em suas mãos ou ao seu toque:
   - Ele é liso ou áspero?
   - Ele é macio ou duro?
   - Ele é flexível ou rígido?
   - A superfície é plana ou irregular?
   - Sua sensação é diferente em algumas áreas do que em outras?
   - Ele é frio, gelado, morno ou quente ao toque?
   - Ele é pesado ou leve?
   - O que mais você nota sobre a sensação?
4. Continue a explorar o objeto com os olhos e com o toque. Respire lenta e confortavelmente e não se apresse. Quando sua atenção se desviar do objeto e da sua experiência com ele, gentilmente volte a prestar atenção nele.

Habilidade: Aja com atenção plena

Essa habilidade de *mindfulness* informal se aplica a uma atitude de atenção plena a coisas grandes e pequenas que você faz todos os dias. Agir com atenção plena significa fazer todas as coisas que você faz normalmente em sua vida, como tomar banho, subir escadas, almoçar ou abraçar alguém que ama, mas fazendo isso enquanto também observa seus pensamentos, seus sentimentos, suas sensações físicas e suas ações no momento presente.

As melhores atividades de atenção plena são as atividades físicas – não mentais –, para que você possa observar cada detalhe da experiência. Não importa a atividade que escolher, desde que ela seja breve, que você possa executá-la todos os dias e possa utilizar todos os seus sentidos (visão, olfato, audição, paladar, tato). Por exemplo, enquanto você anda da porta da frente até a cozinha, note os aromas da casa. Observe o padrão no tapete. Note o som que você faz enquanto anda. Note onde você coloca suas chaves e os sons que elas fazem quando as coloca ali.

Você poderá usar sinalizações para lembrá-lo de agir com atenção plena. Se planeja tomar o café da manhã com atenção plena, faça um marcador de lugar em papel no qual está escrito "Atenção plena". Se deseja praticar a caminhada até em casa com atenção plena, escolha uma casa ou a fachada de uma loja para lembrá-lo de mudar para a caminhada com atenção plena.

Você poderá começar com apenas uma única atividade cotidiana e praticá-la por uma semana, mas tente planejar as atividades durante o dia todo – manhã, tarde e noite –, para que esteja praticando atividades com atenção plena durante todo o dia. Posteriormente, acrescente outra atividade e mais outra. Use a Folha de Registro de Atividades com Atenção Plena para monitorar suas atividades e suas experiências ao fazê-las com esse tipo de atenção.

Instruções

1. Quando aplicar atenção plena a estas atividades, note quaisquer pensamentos que entram em sua mente e então, de maneira gentil, volte a prestar atenção aos detalhes sensoriais do que você está fazendo naquele momento.

2. Descreva sua experiência e classifique em uma escala de 0 a 10 (em que 10 é prazer extremo) seu nível de prazer durante a atividade.

Folha de Registro de Atividades com Atenção Plena

Atividade	Domingo	Segunda-feira	Terça-feira	Quarta-feira	Quinta-feira	Sexta-feira	Sábado
Passear com o cachorro	Calmo, feliz (6)			Muitos pássaros (5)			Dia lindo (7)

RESUMO

As habilidades de *mindfulness* desenvolvem sua capacidade de estar no momento presente e observar em vez de reagir às suas experiências internas. É preciso prática regular e consistente ao longo do tempo para desenvolver sua capacidade de mudar para uma atitude de atenção plena quando quiser e com pouco esforço. A aplicação dessa atitude de atenção plena à vida no momento presente pode ajudá-lo a reduzir o estresse, e também aumentar o prazer de pequenas atividades cotidianas que você subestima.

No próximo capítulo, você aprenderá habilidades simples, mas poderosas, para pensar sobre seu pensamento. Essas habilidades de pensamento podem representar uma alteração na vida de algumas pessoas porque, depois que você aprende a pensar sobre seu pensamento, você aprende a melhorar sua vida.

4
Habilidades de pensamento

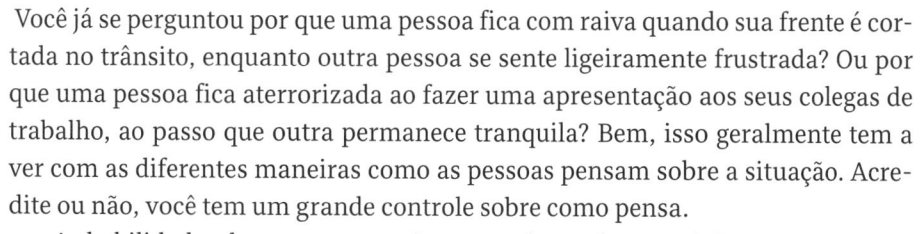

Você já se perguntou por que uma pessoa fica com raiva quando sua frente é cortada no trânsito, enquanto outra pessoa se sente ligeiramente frustrada? Ou por que uma pessoa fica aterrorizada ao fazer uma apresentação aos seus colegas de trabalho, ao passo que outra permanece tranquila? Bem, isso geralmente tem a ver com as diferentes maneiras como as pessoas pensam sobre a situação. Acredite ou não, você tem um grande controle sobre como pensa.

As habilidades de pensamento são um conjunto de estratégias cognitivas que o ajudam a identificar, avaliar e responder à forma como você pensa sobre os acontecimentos e as pessoas em sua vida. Por exemplo, você aprenderá a colocar um pensamento em julgamento, uma habilidade que poderá aplicar à maioria dos pensamentos, independentemente da emoção ou do problema. De igual modo, você aprenderá a identificar vieses mentais e testar os pensamentos com experimentos.

Estas são *habilidades internas* porque seu alvo são os pensamentos que influenciam seus sentimentos e suas ações.

POR QUE AS HABILIDADES DE PENSAMENTO SÃO IMPORTANTES?

A terapia cognitivo-comportamental (TCC) parte do pressuposto de que as emoções negativas intensas, como ansiedade, depressão e raiva, são mantidas por meio de processos de pensamento disfuncionais e muitas vezes ilógicos (Beck, 1970; 1976; Beck, Emery, & Greenberg, 1985; Beck, Rush, Shaw, & Emery, 1979). Aprender habilidades para avaliar e responder a pensamentos disfuncionais ajuda de duas maneiras:

- **As habilidades de pensamento atenuam os sentimentos intensos:** sentimentos e emoções são completamente normais e funcionais. Mesmo as emoções intensas ocasionalmente são normais e funcionais, desde que não sejam tão intensas e tão duradouras a ponto de tornarem sua vida mais difícil. Se você já teve a experiência de um ataque de pânico, sabe muito bem como é um sentimento intenso. Igualmente, se você luta contra a depressão, você experimenta sentimentos intensos de tristeza que persistem ao longo do tempo. Aprender habilidades para pensar de modo diferente pode diminuir a intensidade e a duração dos sentimentos negativos para que você se sinta melhor no momento e durante todo o dia.

- **As habilidades de pensamento aumentam a disposição:** à medida que aprender a atenuar os sentimentos intensos, você poderá ficar mais disposto a também mudar suas ações. A maioria das pessoas com sentimentos negativos intensos e persistentes tende a evitar esses sentimentos e as situações que os desencadeiam. O que perturba a vida é evitar os sentimentos, e não os próprios sentimentos. Por exemplo, se você se sente intensa e persistentemente ansioso porque se preocupa de modo excessivo com o que as pessoas pensam a seu respeito, pode ser que você evite a ansiedade recusando-se a participar de eventos sociais ou fazer apresentações importantes. Evitar sua ansiedade em situações intensas pode perturbar sua vida pessoal e profissional. As habilidades de pensamentos que atenuam a intensidade dos sentimentos negativos aumentarão sua disposição para enfrentar os sentimentos desconfortáveis e, assim, envolver-se na vida e prosperar.

COMO PENSAR SOBRE SEU PENSAMENTO

O processo de pensar sobre seu pensamento envolve três etapas:

1. **Identificar:** aprender a pensar sobre seu pensamento depende da sua habilidade de identificar os pensamentos negativos específicos e os padrões de pensamento disfuncionais que mantêm as emoções negativas que criam problemas em sua vida.
2. **Avaliar:** aprender a pensar sobre seu pensamento envolve avaliar a utilidade e a razoabilidade de um pensamento ou um padrão de pensamento. Os sentimentos e as ações problemáticas residem em padrões de pensamento negativo habituais e inflexíveis.
3. **Responder:** o processo de pensar sobre seu pensamento conclui com a resposta ao pensamento automático negativo com uma visão razoável, funcional e acurada da situação. De maneira típica, é uma declaração alternativa que você utiliza para responder repetidamente aos pensamentos automáticos problemáticos à medida que eles surgem no momento.

Ao responder repetidamente aos pensamentos automáticos negativos com declarações razoáveis (enfrentamento), você atenua ou interrompe a escalada dos sentimentos negativos.

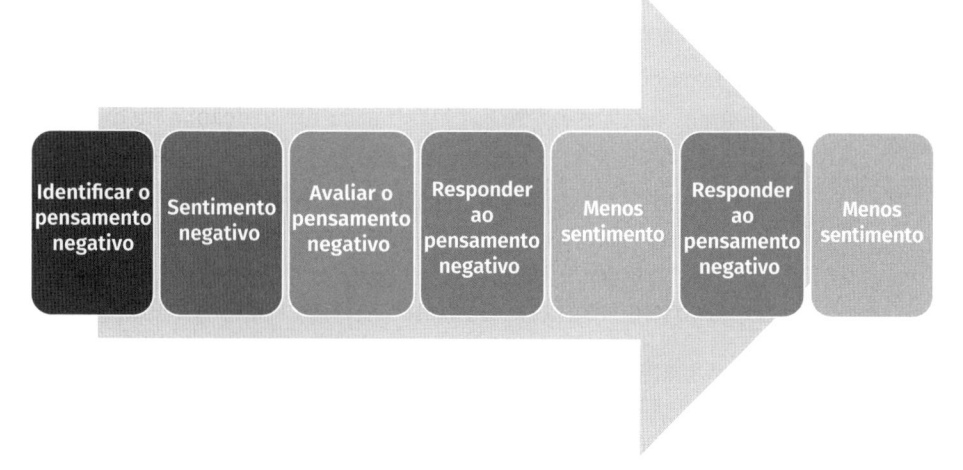

Identificar o pensamento negativo → Sentimento negativo → Avaliar o pensamento negativo → Responder ao pensamento negativo → Menos sentimento → Responder ao pensamento negativo → Menos sentimento

Processo de aplicação das habilidades de pensamento

PENSAMENTOS AUTOMÁTICOS

Os pensamentos automáticos fazem parte do curso do nosso pensamento (Beck, 1964). Eles influenciam nossos sentimentos e nossas ações. Nossas mentes geram pensamentos automáticos o tempo todo, mesmo quando dormimos, mas, na maior parte das vezes, temos pouca consciência deles, sobretudo quando nossa atenção está dirigida para outro lugar. Os pensamentos automáticos podem ser positivos (p. ex., "Uau, me diverti muito"), neutros ou negativos (p. ex., "Não consigo fazer nada direito").

As habilidades de pensamento focam nos pensamentos automáticos negativos porque eles são pensamentos que criam os sentimentos negativos que você deseja desafiar e mudar. No entanto, as pessoas que estão persistentemente em sofrimento nem sempre estão conscientes do papel que seu pensamento negativo desempenha em como se sentem e agem. Aprender a identificar, avaliar e responder aos pensamentos automáticos negativos é um ótimo ponto onde focar suas habilidades de pensamento porque a mudança desses pensamentos pode melhorar de maneira drástica seu humor e seu funcionamento.

Identifique os pensamentos automáticos

Você pode aprender as melhores habilidades de pensamento do mundo, mas elas serão inúteis se você não conhecer os pensamentos nos quais focar as habilidades. A maioria das pessoas está muito consciente da experiência física de um sentimento, como o coração acelerado quando você está se sentindo ansioso ou cansado, e mais lento quando está se sentindo deprimido. Entretanto, muitas pessoas não têm consciência nenhuma do que estão pensando quando estão experimentando sentimentos negativos, como ansiedade, depressão, raiva ou culpa. Com um pouco de prática, você pode melhorar sua consciência desses pensamentos e suas relações com como se sente e age.

Desvende as experiências emocionais

Segundo o modelo cognitivo-comportamental que você aprendeu na introdução deste livro, seus pensamentos automáticos ou as interpretações das situações criam sentimentos negativos (incluindo reações físicas), acompanhados de ações ou comportamentos problemáticos. Por essa razão, diferentes pessoas terão diferentes interpretações da mesma situação, e, assim, se sentirão e agirão de forma diferente:

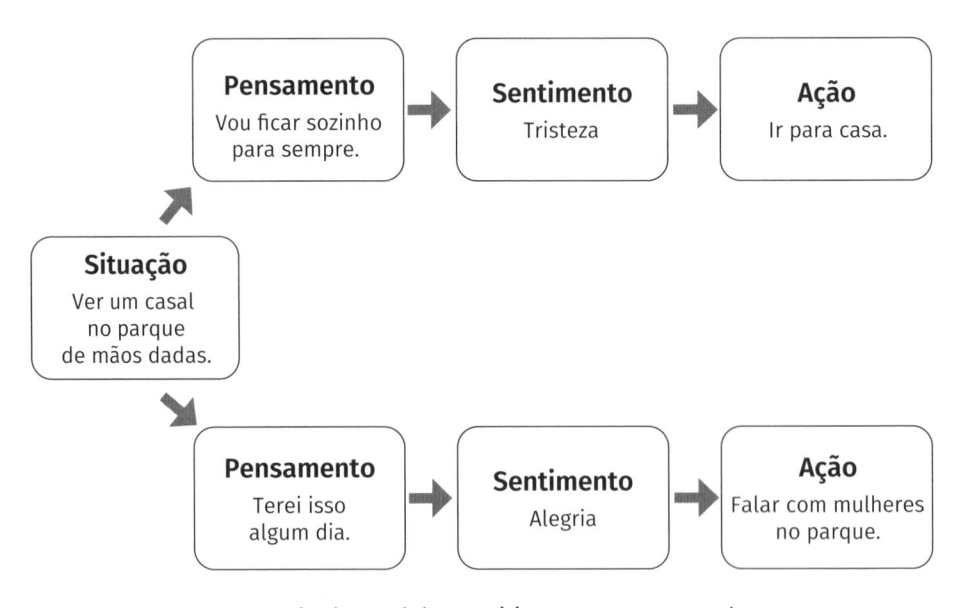

```
                    Pensamento          Sentimento        Ação
                    Vou ficar sozinho → Tristeza       → Ir para casa.
                    para sempre.
                        ↑
    Situação
    Ver um casal
    no parque
    de mãos dadas.
                        ↓
                    Pensamento          Sentimento        Ação
                    Terei isso       → Alegria         → Falar com mulheres
                    algum dia.                            no parque.
```

Exemplo do modelo cognitivo-comportamental

Uma das maneiras mais fáceis de melhorar sua habilidade de identificar pensamentos automáticos negativos é desvendar diversos episódios ou acontecimentos recentes que ativaram sentimentos negativos ou ações problemáticas, como procrastinação ou falta de assertividade. Use a Folha de Atividade: Desvende as Experiências Emocionais para praticar este exercício.

Instruções

1. Feche os olhos e imagine uma situação recente em que estava se sentindo ansioso, com raiva, triste ou com qualquer sentimento negativo. Tente recordar os detalhes da situação (o que estava acontecendo, quem estava presente, a hora do dia). A identificação de aspectos específicos da situação pode ajudá-lo a lembrar dos pensamentos automáticos específicos. Descreva a situação.

2. Agora acompanhe o sentimento. Pergunte-se o que você estava sentindo nessa situação. Os sentimentos geralmente são uma palavra, como "ansioso", "zangado" ou "triste". Já os pensamentos geralmente são compostos por várias palavras, como "E se eu me atrasar", "Ele fez isso de propósito" ou "Não consigo fazer nada direito". Pergunte-se o que estava passando pela sua mente naquele momento. Tente identificar os pensamentos (e as imagens) que surgiram entre a situação e o sentimento. Descreva os pensamentos ou as imagens.

3. Descreva o sentimento. Não se esqueça de descrever suas reações físicas, caso existam. Você estava tremendo? Você estava confuso? Você estava cerrando os dentes? Além disso, classifique a intensidade do sentimento de 1 a 10, em que 10 é extremo. Escreva este número ao lado do sentimento.

4. Agora, o que você fez? Lembre-se, as ações seguem os sentimentos. Você se afastou? Você disse sim quando queria dizer não? Você adiou iniciar alguma coisa? Descreva o que você fez (ou não fez).

5. Repita este exercício recordando uma situação em que teve um sentimento positivo, como alegria, entusiasmo ou contentamento.

6. Agora, experimente isso com diversos acontecimentos recentes. Você poderá querer verificar os seus objetivos para identificar eventos relevantes. Por exemplo, se o seu objetivo é sentir-se menos ansioso quando fala com pessoas que não conhece bem, lembre-se de um momento recente em que isso aconteceu.

Folha de Atividade: Desvende as Experiências Emocionais			
Situação	Pensamentos	Sentimentos e reações físicas	Ações
Ontem, no final do dia, deixei o resumo das vendas mensais sobre a mesa do meu chefe.	Quando ele vir que nossas vendas baixaram este mês, com certeza vai me despedir.	Ansioso, suando, tenso e inquieto.	Evito meu chefe o dia todo.

Habilidade: Registre as experiências emocionais

O registro das partes (pensamentos, sentimentos e ações) de suas experiências emocionais ao longo do tempo aumenta sua consciência dessas experiências, do mesmo modo que anotar seus sonhos ao acordar o ajuda a recordá-los com o tempo. Por meio do registro, você desenvolve sua capacidade de identificar com rapidez os pensamentos automáticos negativos que alimentam suas emoções negativas. Isso é fundamental para que se beneficie dos passos seguintes no processo de aprender a pensar sobre seu pensamento: avaliar e responder. Use a Folha de Registro de Experiências Emocionais para monitorar esses episódios.

Instruções

1. Descreva uma situação ou um acontecimento que tenha provocado pensamentos automáticos negativos.
2. Descreva seus pensamentos, seus sentimentos e suas ações que aconteceram durante essa situação.

Folha de Registro de Experiências Emocionais			
Situação	Pensamentos	Sentimentos	Ações
John está lendo o jornal durante o café da manhã.	Ele está me ignorando.	Raiva (5)	Chamo-o de egoísta e saio bufando.

Descreva como foi identificar pensamentos automáticos e imagens. Descreva tudo o que o surpreendeu.

_____

_____

_____

Avalie os pensamentos automáticos

Agora que você consegue identificar um pensamento automático negativo, está na hora de aprender a avaliar se esse pensamento é verdadeiro ou funcional. Existem muitas habilidades para avaliar pensamentos automáticos negativos. Você aprenderá diversas delas que funcionam com a maioria desses pensamentos.

Habilidade: Avalie os custos e os benefícios de um pensamento automático

Há custos e benefícios em acreditar que um pensamento é verdadeiro, e é importante que você entenda os custos de continuar a acreditar em algo que não é verdadeiro, mas "parece" verdadeiro no momento. Examine a folha de atividade com exemplos e depois escolha um de seus pensamentos automáticos negativos para avaliar com a Folha de Atividade: Avalie os Custos e os Benefícios de um Pensamento.

Instruções

1. Verifique sua Folha de Registro de Experiências Emocionais para um pensamento automático negativo ou pense em uma situação recente em que estava sentindo uma emoção negativa.
2. Liste os custos e os benefícios de acreditar que o pensamento automático é verdadeiro. Para isso, pergunte-se:
   - O que mudaria se eu acreditasse menos neste pensamento?
   - O que mudaria se eu acreditasse mais neste pensamento?
   - O que mudaria se eu acreditasse em um pensamento alternativo a este que fosse mais funcional ou razoável?
3. Ao lado de cada custo e benefício, atribua um valor de importância, de 1 a 10 (1 = nada importante e 10 = extremamente importante).
4. Agora desenvolva um pensamento automático alternativo que seja mais razoável ou funcional. Depois liste os custos e os benefícios de acreditar que o pensamento alternativo é verdadeiro. Depois atribua valores de importância a esses custos e benefícios.

Folha de Atividade: Avalie os Custos e os Benefícios de um Pensamento

Descreva um pensamento automático negativo para avaliar: Se eu convidar Daisy para sair, ela vai me rejeitar.

Custos	Importância	Benefícios	Importância
Nunca terei um encontro com Daisy.	10	Não ficarei surpreso se ela me rejeitar.	3
Eu me contento com alguém de quem gosto menos.	8	Eu evito a rejeição.	6
Minha autoestima continua a ser baixa.	7		
Total:	25	Total:	9

Descreva um pensamento automático alternativo para avaliar: Embora eu não possa saber com antecedência se Daisy vai me rejeitar, não há outra maneira de conseguir um encontro com ela se eu não a convidar para sair.

Custos	Importância	Benefícios	Importância
Me sinto ansioso no primeiro encontro.	8	Pode ser que Daisy diga "sim".	10
		Sinto-me mais à vontade para convidar garotas para sair.	8
		Grande aumento da autoestima se ela disser "sim".	8
		Mesmo que ela diga "não", ainda posso fazer uma amizade.	8
Total:	8	Total:	34

Folha de Atividade: Avalie os Custos e os Benefícios de um Pensamento

Descreva um pensamento automático negativo para avaliar:

Custos	Importância	Benefícios	Importância
Total:		Total:	

Descreva um pensamento automático alternativo para avaliar:

Custos	Importância	Benefícios	Importância
Total:		Total:	

Se no fim deste processo você decidiu que o pensamento automático negativo funciona para você, isso significa que está disposto a arcar com os custos de continuar a acreditar que esse pensamento é verdadeiro. A escolha é sua. Você pode continuar a acreditar em qualquer pensamento que quiser, desde que esteja preparado para aceitar os custos de acreditar nele.

Se você decidiu que arcar com os custos de continuar a acreditar no pensamento funciona para você, descreva por quê.

_____

_____

_____

_____

_____

_____

_____

_____

Habilidade: Identifique vieses mentais

As pessoas que experimentam angústia emocional persistente tendem a cometer os mesmos vieses mentais repetidamente. Identificar vieses mentais é uma forma rápida de avaliar a razoabilidade de um pensamento automático, afinal, depois que você entende que um pensamento é um viés mental, por que continuaria a agir como se ele fosse verdadeiro? Identificar um pensamento como um viés mental pode criar rapidamente um pouco de distância psicológica do seu pensamento, o que pode então atenuar o que você sente no momento. Estes são alguns vieses mentais comuns.

Vieses mentais	
1.	**Culpabilização:** você tende a culpar a si mesmo ou aos outros por como se sente e sem considerar sua responsabilidade por mudar seus sentimentos ou suas ações. Ou você assume responsabilidade completa pelas ações e pelas atitudes dos outros sem considerar o papel deles. Por exemplo, "Minha mãe causou todos os meus problemas" ou "A culpa é minha por meu filho ser infeliz".
2.	**Catastrofização:** você tende a acreditar que o que aconteceu ou acontecerá será tão horrível que não será capaz de lidar com isso. Por exemplo, "Não consigo lidar com minha ansiedade" ou "Seria horrível se eu fosse reprovado neste exame".
3.	**Pensamento dicotômico:** você tende a ver uma pessoa, uma situação ou um evento em termos de tudo ou nada, forçando-o a se encaixar apenas em duas categorias extremas em vez de em um *continuum*. Por exemplo, "Todos me odeiam", "A escola é uma total perda de tempo", "Cometi um erro, portanto sou um fracasso" ou "Estraguei minha dieta completamente porque comi mais do que planejei".
4.	**Desconsiderar os aspectos positivos:** você tende a ignorar ou minimizar suas realizações ou seus atributos positivos ou os dos outros. Por exemplo, "Eu me saí bem porque o teste foi fácil", "As pessoas gostam de mim porque são gentis, não porque sou tão especial assim" ou "Frequentar a universidade não é grande coisa, qualquer um pode fazer".
5.	**Raciocínio emocional:** você tende a acreditar que suas emoções refletem a realidade e permite que elas guiem suas atitudes e seus julgamentos. Por exemplo, "Sinto-me deprimido porque meu relacionamento não está funcionando", "Sinto que ela não me ama, então isso deve ser verdade" ou "Fico aterrorizado de voar em aviões, por isso voar deve ser perigoso".
6.	**Adivinhação:** você tende a prever o futuro, mas em termos negativos, e acredita que o que acontece será tão horrível que você não será capaz de lidar com isso. Por exemplo, "As coisas nunca vão melhorar para mim", "Serei reprovado no teste e isso será horrível" ou "Ficarei tão aborrecido comigo que não serei capaz de me concentrar para a prova".
7.	**Tirar conclusões apressadas:** você tende a tirar conclusões (negativas ou positivas) a partir de poucas ou nenhuma evidência confirmatória. Por exemplo, "Assim que o vi eu soube que ele iria me culpar por estar atrasado" ou "Ela estava olhando para mim, por isso eu sabia que ela pensava que a culpa era minha".
8.	**Rotulação:** você tende a atribuir rótulos globais negativos fixos a si mesmo e aos outros. Por exemplo, "Sou um idiota", "Não tenho valor", "Ela é uma amiga terrível", "Meu chefe é um gerente horrível" ou "Ela é uma completa imbecil".

(continua)

(Continuação)

9.	**Leitura mental:** você acredita que conhece os pensamentos e as intenções de outras pessoas (ou que elas conhecem seus pensamentos e suas intenções) sem evidências suficientes. Além disso, você tende a presumir que os pensamentos ou as intenções da outra pessoa são negativos. Por exemplo, "Ele acha que sou chato" ou "Ela sabe que estou ocupado. Por que continua falando comigo?".
10.	**Filtro negativo:** você tende a focar nos aspectos negativos e raramente nota os aspectos positivos sobre si mesmo, sobre os outros ou sobre os acontecimentos. Por exemplo, "Ninguém nesta festa gosta de mim", "As pessoas são rudes" ou "Esta reunião não tem sentido".
11.	**Generalização excessiva:** você tende a concluir algo de maneira exagerada sobre si mesmo ou sobre um único incidente com palavras como "sempre", "nunca", "todo" ou "só". Por exemplo, "Eu **sempre** perco o ônibus", "Fui reprovado no teste de matemática; **nunca** consigo fazer contas", "**Toda** vez que tenho um dia de folga do trabalho, chove" ou "Ela **só** me cumprimenta quando quer algo de mim".
12.	**Personalização:** você tende a presumir que as ações dos outros ou eventos externos referem-se (ou são dirigidos) a você, sem considerar outras explicações. Por exemplo, "É tudo culpa minha termos perdido o jogo" (sem considerar que os outros membros do time cometeram erros), ou "A vendedora não gosta de mim porque não sorriu para mim" (sem considerar que a vendedora não sorriu para ninguém).
13.	**Viés de arrependimento:** você tende a focar no que poderia ter feito melhor no passado em vez de no que poderia fazer melhor agora. Por exemplo, "Eu poderia ter sido um marido melhor" ou "Eu não devia ter dito aquilo na festa".
14.	**"Deverias":** você tende a dizer a si mesmo que os acontecimentos, as ações dos outros e sua atitude deveriam ser (ou precisam ser ou têm que ser) como você esperava ou desejava que fossem, em vez de como elas de fato são. Por exemplo, "Eu deveria ter feito uma apresentação melhor", "Eu tenho que tirar um A nesta prova" ou "Eu deveria ter sido um pai melhor".
15.	**Visão de túnel:** você tende a focar em um ou em alguns detalhes e não consegue ver o panorama geral. Você é inteligente ou burro. Os outros são superiores ou inferiores. Os acontecimentos são bons ou maus. Por exemplo, "O grupo disse que gostou da minha apresentação, mas como eles sugeriram que eu acrescentasse um *slide*, sei que na verdade não estavam falando sério".
16.	**Magnificação ou minimização:** você tende a magnificar os aspectos negativos e minimizar os aspectos positivos sobre si mesmo, sobre os outros e sobre as situações. Por exemplo, "Recebi um B na minha prova de matemática; isso mostra que não sei fazer cálculos" ou "Recebi um A na minha prova de história; isso não significa que sou inteligente".

Ao ler a lista, você pode observar que alguns vieses mentais se sobrepõem. Na verdade, alguns pensamentos automáticos podem conter mais de um viés mental. Identificar o viés mental específico relativo a determinado pensamento é menos importante do que o fato de você o ter identificado como um viés mental. Um viés mental é um erro no pensamento, e essa é a percepção mais importante. À medida que praticar a identificação de vieses mentais, você começará a notar que sua mente tende a cair no mesmo padrão de pensamento errôneo. Reconhecer seus padrões de pensamento errôneos pode ajudá-lo a sair rapidamente do sentimento negativo para ver as coisas como elas de fato são. Use a Folha de Atividade: Identifique Vieses Mentais para praticar essa habilidade.

Instruções

1. Verifique sua Folha de Registro de Experiências Emocionais para identificar um pensamento automático negativo ou pense em uma situação recente em que estava sentindo uma emoção negativa.
2. Leia a lista de vieses mentais. Ao lado do pensamento automático, escreva o número do viés mental que combina com o pensamento automático.
3. À medida que continua a registrar seus pensamentos automáticos na Folha de Registro de Experiências Emocionais, escreva os números dos vieses mentais ao lado de cada pensamento automático.

Folha de Atividade: Identifique Vieses Mentais		
Situação	Pensamentos automáticos	Vieses mentais
Meu chefe não comentou nada sobre a minha apresentação.	Ele achou que foi terrível. Com certeza ele vai me demitir.	9, 7, 2

Descreva os tipos específicos de vieses mentais que você tende a cometer.

_____

_____

_____

Habilidade: Coloque em julgamento um pensamento automático

Esta habilidade de pensamento é uma forma divertida e eficaz de avaliar um pensamento automático negativo. Você submeterá um pensamento a julgamento enquanto age como advogado de defesa, advogado de acusação e juiz. Como os advogados de defesa e acusação, você reunirá evidências a favor ou contra o pensamento automático negativo. Evidências são fatos verificáveis. Evidências não são uma interpretação, uma opinião ou uma suposição. Como juiz, você chegará a um veredito sobre o pensamento automático negativo. O pensamento é acurado ou razoável? O veredito é a resposta alternativa para a situação.

O objetivo dessa habilidade é diminuir a intensidade da sua crença em um pensamento por meio de uma avaliação precisa das evidências objetivas. Reflita de forma cuidadosa sobre as evidências. É mais eficiente questionar-se do que dizer a si mesmo o que é ou não razoável (Braun, Strunk, Sasso, & Cooper, 2015; Heiniger, Clark, & Egan, 2018). Em outras palavras, seu objetivo é colocar um ponto de interrogação ao lado de um pensamento. Você saberá que o ponto de interrogação está presente quando pensa consigo mesmo: "Nunca tinha pensado nisso deste modo". Examine a folha de atividade de exemplos e depois escolha um pensamento negativo seu para avaliar com a Folha de Atividade: Coloque em Julgamento um Pensamento.

Instruções

1. Escreva o pensamento automático negativo que você colocará em julgamento no campo *Pensamento em julgamento*.
2. Classifique a intensidade da sua crença na veracidade do pensamento e na força do seu sentimento (p. ex., ansiedade, raiva ou tristeza).
3. Verifique a lista dos vieses mentais da habilidade anterior. Identifique todos os vieses mentais para o pensamento em julgamento. Coloque-os no campo *Vieses mentais*.
4. Na coluna *Defesa*, descreva todas as evidências objetivas de que o pensamento é verdadeiro (ou, em grande parte, verdadeiro). Evidência é um fato verificável; não é opinião, suposição ou palpite. Faça a si mesmo estas perguntas referentes ao pensamento sobre a situação:
   - Poderia haver outra explicação?
   - Quais são as evidências de que o pensamento é verdadeiro?
   - A situação é tão importante assim?
   - O que eu diria a um amigo que estivesse nesta situação?

- Existe um modo mais funcional de pensar sobre isto?
- Há outra explicação que se adapte melhor a estas evidências?
- Tenho 100% de certeza de que este evento ou esta consequência vai acontecer? Por que não?
- Já olhei para esta mesma situação de maneira diferente no passado? Isso ajudou?
- Esta explicação vale para qualquer um na minha situação?

5. Na coluna *Acusação*, descreva todas as evidências objetivas de que o pensamento é falso (ou, em grande parte, falso).
6. Como juiz, dê um passo atrás e examine as evidências. Resuma-as e coloque-as no campo *Veredito do juiz*.
7. Reclassifique a intensidade da sua crença de que o pensamento é verdadeiro e a força do seu sentimento.
8. Se o pensamento que está em julgamento for uma previsão, considere criar um experimento para testar se a previsão é verdadeira ou falsa. Você aprenderá a fazer isso na habilidade a seguir – Teste os pensamentos automáticos com experimentos.

Folha de Atividade: Coloque em Julgamento um Pensamento			
Pensamento em julgamento: Sou um vendedor horrível.			
Força da crença (0-100%):	90%	Força do sentimento (0-10):	7
Vieses mentais: #10 Filtro negativo, #4 Desconsiderar os aspectos positivos, #3 Pensamento dicotômico			
Defesa		**Acusação**	
Meu chefe disse que estava desapontado porque não consegui fazer a venda. Não bati minha menta mensal de vendas alguns meses atrás.		No mês passado, meu chefe me deu um aumento e recebi o prêmio Estrela em Ascensão. Atingi minha meta anual de vendas por três anos seguidos. Os outros vendedores estão tendo um mês de baixa. Minhas avaliações de desempenho sempre foram excelentes!	
Veredito do juiz			
Embora minhas vendas estejam baixas, meu chefe me diz que sou um excelente vendedor. Não é realista esperar que meu desempenho seja sempre 100%. Eu não controlo a economia nem os produtos que nos dizem para promover. Não sou perfeito, mas ainda sou um bom vendedor!			
Força da crença (0-100%):	60%	Força do sentimento (0-10):	4

Folha de Atividade: Coloque em Julgamento um Pensamento	
Pensamento em julgamento:	
Força da crença (0-100%):	Força do sentimento (0-10):
Vieses mentais:	

Defesa	Acusação

Veredito do juiz	
Força da crença (0-100%):	Força do sentimento (0-10):

Habilidade: Teste os pensamentos automáticos com experimentos

Mesmo após avaliar um pensamento automático, talvez você ainda acredite que ele seja verdadeiro em certa medida, sobretudo quando está experimentando sentimentos intensos no momento. Isso acontece porque a avaliação de um pensamento automático apenas coloca um ponto de interrogação ao lado do pensamento. Os experimentos comportamentais (Bennett-Levy, 2003; Bennett-Levy et al., 2004) são uma forma poderosa de avaliar os pensamentos em um nível profundo porque você testa seus pensamentos no mundo real, em vez de testá-los de maneira hipotética, como faz com a habilidade Coloque em julgamento um pensamento automático.

Processo de teste de um pensamento

O processo de teste de um pensamento envolve identificar um pensamento a ser testado; criar e planejar um experimento para testá-lo; executar o experimento; e depois refletir a respeito e aprender com o experimento. Examine a folha de atividade de exemplos e depois escolha um pensamento negativo seu para avaliar com a Folha de Atividade: Teste um Pensamento.

Instruções

1. Identifique um *pensamento a ser testado* irracional ou funcional. Em geral, os pensamentos testáveis são previsões ou expectativas sobre os acontecimentos. Pergunte a si mesmo: "Qual é minha previsão?", "O que espero que aconteça?".
2. *Classifique* com que intensidade (0 a 100%, em que 100% é completamente) você acredita que o pensamento é verdadeiro (que a previsão acontecerá).
3. Planeje um *experimento* para testar o pensamento. Os experimentos mais eficientes são aqueles em que você pode identificar de modo objetivo se a previsão foi confirmada ou refutada. Identifique como saberá *se a previsão é verdadeira*. Pergunte-se: "Como saberei se a previsão é verdadeira?". Por exemplo, em vez de "Ninguém vai gostar de mim na festa", tente "Ninguém vai falar comigo na festa". Se a evidência de que ninguém gosta de você na festa for que ninguém falará com você nela, então você desenvolveu uma previsão testável.
4. *Execute o experimento*. Observe o que de fato aconteceu. Lembre-se: evidência não é uma opinião sobre o que você acha que aconteceu, mas o que você observou que aconteceu.
5. *Analise* os resultados do experimento. O que aconteceu? Sua previsão era verdadeira ou falsa? O que observou que a confirmou ou a refutou? Se um amigo observasse o experimento, ele teria observado a mesma coisa?
6. *Reflita* sobre o que você aprendeu com o experimento. Concentre-se no que esperava que acontecesse e o que de fato aconteceu e como o pensamento original mudou como consequência. Com base nos resultados do experimento, existe uma nova visão ou uma visão alternativa que poderia ser mais acurada e funcional? Como você poderia testar a visão alternativa ou a previsão? Se repetisse o experimento, com que intensidade (0 a 100%, em que 100% é completamente confiante) acredita que sua previsão acontecerá? Se a força da sua crença mudou, por que isso aconteceu? Você mudaria o experimento de algum modo para tornar claros os resultados ou responder a outra pergunta? O que você quer lembrar? O que você aprendeu que o surpreendeu?
7. *Reclassifique* com que intensidade (0 a 100%, em que 100% é completamente) você acredita que o pensamento é verdadeiro.

Folha de Atividade: Teste um Pensamento	
Pensamento a ser testado	Se eu não tirar um cochilo todos os dias, não consigo funcionar.
Classifique	90%
Experimento	Não vou tirar cochilos por uma semana, iniciando por hoje.
Como saberei se o pensamento é verdadeiro	Não conseguirei fazer meu trabalho: atender aos telefonemas, manter-me desperto nas reuniões, direcionar as ligações para as pessoas certas. Em uma escala de 0-100, funcionarei cerca de uns 50.
Analise	Atendi os telefonemas e respondi apropriadamente, me mantive desperto em todas as reuniões, direcionei as ligações para as pessoas certas e identifiquei vários erros que meu colega cometeu. Em uma escala de 0-100, funcionei cerca de 75. Fiquei cansado, mas me saí bem.
Reflita	Acho que isso significa que posso funcionar bem, mesmo que não tire um cochilo. De fato, nesta última semana sem cochilos, dormi um pouco melhor.
Reclassifique	40%

Folha de Atividade: Teste um Pensamento	
Pensamento a ser testado	
Classifique	
Experimento	
Como saberei se o pensamento é verdadeiro	
Analise	
Reflita	
Reclassifique	

Descreva como foi pensar sobre os pensamentos como previsões ou expectativas a serem testadas com experimentos.

_____

_____

_____

_____

_____

_____

_____

_____

_____

Muitas vezes, você pode querer testar previsões sobre sentimentos (ansiedade, tristeza, raiva, culpa, prazer). Descreva sua previsão sobre o sentimento. Com que intensidade (0-10) você prevê que o sentirá? Quantas vezes você prevê que chegará a essa intensidade por dia (por hora, por semana)? Por quanto tempo você prevê que sentirá esse nível de intensidade? Um minuto, 30 minutos, uma hora, o dia todo? Por exemplo, "A intensidade do meu constrangimento será 10 de 10, e se manterá nesse nível por toda a semana".

Habilidade: Olhe através das lentes do tempo

O raciocínio emocional é um viés mental que tende a amplificar os sentimentos. É por isso que quando algo o perturba, sua tendência é olhar para o acontecimento através de uma lente emocional que faz ele parecer o evento mais importante no mundo. Mas transportar-se para o futuro e olhar em retrospectiva para o evento através das lentes do tempo poderá ajudá-lo a se sentir melhor. O que quer que tenha parecido ser o fim do mundo quando aconteceu pode parecer menos importante depois que passou algum tempo. Examine a folha de atividade de exemplos e depois escolha algo que aconteceu com você para avaliar na Folha de Atividade: Olhe Através das Lentes do Tempo.

Instruções

1. Descreva o acontecimento que o perturbou.
2. Classifique o quanto o acontecimento parece importante agora. Use uma escala de importância de 0 a 10 (0 = nada importante, 5 = é importante, mas não transformador e 10 = sua vida depende disso).
3. Classifique o quanto o acontecimento parecerá importante daqui a uma hora e depois de um dia (semana, mês, ano, cinco anos e 10 anos).
4. Reclassifique o quanto o acontecimento parece importante depois que você concluiu o exercício.
5. Reflita sobre o acontecimento. Escreva essa nova visão no campo *Como você pensa sobre o acontecimento agora*.

Folha de Atividade: Olhe Através das Lentes do Tempo	
Acontecimento que o perturbou: Minha namorada terminou comigo.	
Classifique o quanto (0-10) este acontecimento parece importante no momento:	9
Faça a si mesmo as perguntas a seguir e reclassifique a importância (0-10) a cada vez:	
O quanto este acontecimento parecerá importante daqui a uma hora?	9
O quanto este acontecimento parecerá importante daqui a um dia?	7
O quanto este acontecimento parecerá importante daqui a uma semana?	5
O quanto este acontecimento parecerá importante daqui a um mês?	3
O quanto este acontecimento parecerá importante daqui a um ano?	1
O quanto este acontecimento parecerá importante daqui a cinco anos?	0
O quanto este acontecimento parecerá importante daqui a 10 anos?	0
Reclassifique o quanto este acontecimento parece importante agora:	3
Como você pensa sobre o acontecimento agora: Bem, o rompimento doeu profundamente no momento, mas vou me curar. Só preciso de algum tempo e, a cada semana, me sentirei um pouco melhor. Sei que isso é verdade.	

Folha de Atividade: Olhe Através das Lentes do Tempo	
Acontecimento que o perturbou:	
Classifique o quanto (0-10) este acontecimento parece importante no momento:	
Faça a si mesmo as perguntas a seguir e reclassifique a importância (0-10) a cada vez:	
O quanto este acontecimento parecerá importante daqui a uma hora?	
O quanto este acontecimento parecerá importante daqui a um dia?	
O quanto este acontecimento parecerá importante daqui a uma semana?	
O quanto este acontecimento parecerá importante daqui a um mês?	
O quanto este acontecimento parecerá importante daqui a um ano?	
O quanto este acontecimento parecerá importante daqui a cinco anos?	
O quanto este acontecimento parecerá importante daqui a 10 anos?	
Reclassifique o quanto este acontecimento parece importante agora:	
Como você pensa sobre o acontecimento agora:	

Responda aos pensamentos automáticos

O último passo para pensar sobre seu pensamento é responder aos pensamentos negativos com declarações racionais ou razoáveis ou com resumos dos fatos. Por exemplo, as declarações racionais da avaliação dos pensamentos automáticos negativos nas habilidades anteriores podem incluir:

- Declaração sobre os custos de acreditar que um pensamento automático é verdadeiro. Por exemplo, "Embora eu não possa saber com antecedência se Daisy me rejeitará, nunca terei um encontro com ela se não a convidar para sair".
- Declaração de que um pensamento é um viés mental. Por exemplo, "Estou fazendo leitura mental agora. Não verdade, não sei o que ela está pensando. Por que tirar conclusões precipitadas de que ela está aborrecida comigo quando não sei se isso é verdade ou não?".
- Declaração que resume as evidências de que um pensamento não é verdadeiro (veredito do juiz). Por exemplo, "Embora minhas vendas tenham baixado, meu chefe me diz que sou um excelente vendedor. Não é realista esperar que meu desempenho seja sempre 100%. Eu não controlo a economia ou os produtos que nos mandam promover. Não sou perfeito, mas ainda assim sou um bom vendedor!".
- Declaração que resume o que você aprendeu em um experimento que realizou para testar se um pensamento era verdadeiro ou não. Por exemplo, "Acho que isso significa que posso funcionar bem, mesmo que não tire um cochilo. De fato, nesta última semana sem cochilos, dormi um pouco melhor.".
- Declaração que resume o que você aprendeu ao olhar através das lentes do tempo. Por exemplo, "Bem, o rompimento doeu profundamente no momento, mas vou me curar. Só preciso de algum tempo e, a cada semana, me sentirei um pouco melhor. Sei que isso é verdade.".

Escreva suas respostas ou suas declarações racionais em uma ficha de arquivo ou anote-as em seu telefone. O objetivo é responder repetidamente ao pensamento automático negativo quando ele surgir no momento ou ler as declarações racionais antes de entrar em alguma situação. Por exemplo, você pode ler sua declaração racional antes de fazer uma apresentação para ajudá-lo a se sentir menos ansioso, ou quando pensar sobre um rompimento recente, para se sentir menos deprimido.

Outra opção é ensaiar em sua mente a aplicação do enfrentamento ou a declaração racional antes de usá-la no mundo real. Você aprenderá a fazer isso no

Capítulo 9. Esta é uma ótima forma de construir sua confiança de que a declaração racional funciona e aumenta sua probabilidade utilizá-la quando for importante: na vida real.

Descreva diversas respostas racionais que você desenvolveu com as habilidades que aprendeu e as situações em que as utilizará:

_____

_____

_____

_____

_____

_____

_____

_____

_____

RESUMO

Talvez não haja habilidade da TCC mais importante do que aprender a pensar sobre seu pensamento porque você tem muito mais controle sobre como pensa do que sobre como se sente. Aprender a identificar, avaliar e responder aos pensamentos automáticos negativos disfuncionais pode atenuar sentimentos intensos e aumentar sua disposição para mudar seu comportamento, que é o fundamento da aprendizagem e da mudança profunda.

No próximo capítulo, você aprenderá habilidades para melhorar e proteger suas relações com os outros. Relações de cuidado e apoio são essenciais para nosso bem-estar, mas precisam ser cultivadas. Essas habilidades de eficácia interpessoal são fáceis de aprender e, quando praticadas com regularidade, podem construir relações resilientes que o protegem dos duros golpes da vida.

5

Habilidades de eficácia interpessoal

Relações de cuidado e apoio são essenciais para nosso bem-estar. Por meio de nossas relações, aprendemos a amar e a ser amados. Elas são uma fonte de companheirismo e inspiração. Elas nos ajudam a navegar por tempos difíceis e a fazer com que a vida valha a pena ser vivida. Porém, por descuido ou indiferença, podemos prejudicar nossas relações, muitas vezes além do que pode ser reparado. Neste capítulo, você aprenderá habilidades para melhorar e proteger suas relações com os outros. Seja se defendendo ou comunicando-se com clareza, as habilidades de eficácia interpessoal podem melhorar a qualidade de nossas relações pessoais e profissionais.

As habilidades de eficácia interpessoal (Linehan, 2014) são um conjunto de estratégias sociais para ajudá-lo a lidar com as interações interpessoais que contribuem para dificuldades no relacionamento com outras pessoas. No capítulo anterior, você aprendeu habilidades de pensamento que focam problemas com a percepção. As habilidades de eficácia interpessoal têm como alvo problemas no mundo social à sua volta e, portanto, são *habilidades externas*.

POR QUE AS HABILIDADES INTERPESSOAIS SÃO IMPORTANTES?

As habilidades de eficácia interpessoal são importantes por várias razões. Primeiro, elas constroem e sustentam relações fortes com os outros, o que torna a vida mais prazerosa e significativa. Segundo, essas habilidades atenuam suas respostas emocionais aos eventos interpessoais. Por exemplo, habilidades de comunicação podem aumentar sua confiança social, e, com maior confiança social, você se sentirá menos ansioso e estressado em suas relações com os outros. São muitas as habilidades de eficácia interpessoal, e as que são apresentadas aqui focam na escuta e na resposta, na resolução de conflitos e na assertividade.

Ao mesmo tempo, por mais úteis que sejam essas habilidades interpessoais, sua eficácia também depende da sua capacidade de regular suas emoções (ansiedade, raiva, tristeza, culpa). Você já aprendeu muitas dessas habilidades nos capítulos anteriores e poderá utilizá-las enquanto trabalha nas habilidades deste capítulo. Por exemplo, você pode aplicar a respiração 4-7-8 que aprendeu para acalmar seu sistema emocional enquanto pratica assertividade se o fato de falar em público o deixa ansioso.

Identifique seus pontos fortes e seus pontos fracos interpessoais

Nem todos interagem bem com todas as pessoas, o tempo todo, em todas as circunstâncias. Todos nós temos nossos pontos fortes e nossos pontos fracos quando se trata de interação com outras pessoas. Saber o que você faz bem e o que não faz tão bem o ajudará a focar nas habilidades de eficácia interpessoal que mais podem ajudá-lo. Reserve um momento para considerar suas habilidades interpessoais com a Folha de Atividade: Identifique Seus Pontos Fortes e Pontos Fracos Interpessoais.

Instruções

1. Assinale (✓) as declarações que melhor refletem como você age e reage em situações interpessoais típicas.
2. Some as declarações de números pares e as de números ímpares. Se o total de declarações de números pares for mais alto, suas habilidades interpessoais são adequadas em situações típicas com as outras pessoas. Se o total de declarações de números ímpares for mais alto, você poderá se beneficiar da aprendizagem e da aplicação de mais algumas habilidades interpessoais com outras pessoas.

Folha de Atividade: Identifique Seus Pontos Fortes e Pontos Fracos Interpessoais	
1.	Eu presumo que as pessoas sabem o que estou tentando dizer.
2.	Depois que a outra pessoa fala, esclareço o que a ouvi dizer antes de responder.
3.	Quando falo com alguém, tenho tendência a terminar as frases da outra pessoa.
4.	Espero que a outra pessoa termine de falar antes de reagir ao que ela diz.
5.	Para mim é difícil aceitar críticas construtivas de outra pessoa.
6.	Quando uma pessoa fere meus sentimentos, eu discuto com ela.
7.	Para mim é difícil admitir para alguém que estou errado ou que cometi um erro.
8.	Peço desculpas com facilidade se feri os sentimentos de alguém.
9.	As pessoas tendem a ficar defensivas quando discordo delas ou dou minha opinião.
10.	Tenho tendência a demonstrar interesse sorrindo e me inclinando para frente quando falo com as pessoas.
11.	Para mim é difícil falar com pessoas que não conheço bem.
12.	Para mim é fácil me defender se alguém está se aproveitando de mim.
13.	As pessoas tendem a interpretar mal o que estou dizendo ou de onde venho.
14.	Sou bom em resumir os pontos principais das conversas que tenho com outras pessoas.
15.	Tenho tendência a gritar na cara de alguém quando estou incomodado com alguma coisa que ele me disse.
16.	Não planejo minha resposta ou minha réplica enquanto a outra pessoa está falando.
17.	Tenho dificuldade para pedir às pessoas coisas simples, como indicações.
18.	Tenho a mente aberta e estou disposto a mudar minha opinião com base na perspectiva de outras pessoas.
19.	Tenho tendência a evitar conflito com outras pessoas, se possível.
20.	Tenho tendência a acenar com a cabeça e sorrir para sinalizar que estou ouvindo e encorajar os outros a falarem.
21.	As pessoas dizem que estou gritando com elas quando estou apenas tentando dizer como me sinto.
22.	Consigo manter a calma quando falo com as pessoas, mesmo que elas estejam incomodadas comigo.
23.	Quando discordo de alguém sobre alguma coisa, a situação geralmente piora.

	24.	Sou bom em transmitir meu ponto de vista às outras pessoas.
	25.	Tenho tendência a aceitar os pedidos das outras pessoas em vez de negociar com elas.
	26.	Não grito nem aponto para as pessoas durante conversas acaloradas.

Total de declarações de números pares	Total de declarações de números ímpares

Descreva as situações interpessoais típicas (p. ex., dizer "não" para sua irmã quando ela faz um pedido desproposital, resolver conflitos ou desentendimentos com seus colegas de trabalho, pedir favores aos seus amigos) com que você lida bem e aquelas com que gostaria de lidar melhor e por quê.

_____

_____

_____

_____

_____

_____

HABILIDADES DE COMUNICAÇÃO

Existe uma relação clara e positiva entre habilidades de comunicação interpessoal eficazes e uma série de benefícios, como maior felicidade na vida, resiliência diante de estresse e problemas psicossociais, e melhor desempenho acadêmico e conquistas profissionais (Hannawa & Spitzberg, 2015; Müller et al., 2015; Hargie, 2017).

As habilidades de comunicação incluem uma gama de estratégias para construir e manter as relações sociais. Este capítulo apresenta aquelas que são as mais importantes para apoiar seu bem-estar social, bem como o bem-estar social das outras pessoas.

Habilidade: Escute e responda

Quantas vezes alguém lhe disse: "Você não está me escutando". Bem, provavelmente você estava escutando, mas não respondeu de forma que comunicasse que estava escutando. De fato, você pode ter escutado e discordado da pessoa, mas também não comunicou isso. A questão é que a comunicação eficiente é um processo ativo. Não é sobre escutar; é sobre responder de modo que sinalize que escutou o que a pessoa disse. Isso é chamado de escuta ativa. Para escutar de maneira efetiva, siga estes três passos:

Instruções

1. **Escute atentamente o que a pessoa lhe diz.** Escutar com atenção é uma habilidade importante em todas as suas interações, mas quando a interação é acalorada, isso é essencial. Emoções intensas tornam a escuta, não a audição, difícil, pois exige esforço para prestar atenção ao que o outro está dizendo quando você se sente ansioso, zangado, culpado ou triste. Você está tomado pela emoção enquanto tenta pensar em uma réplica ou um contra-argumento. Ao mesmo tempo, está se esforçando para permanecer calmo. Isso requer atenção, também, e é necessário que você permaneça calmo para escutar o que a outra pessoa está de fato dizendo. Quando você escuta ativamente, isso não só o ajuda a prestar atenção ao que a outra pessoa está dizendo, mas também estará realmente entendendo o que ela está dizendo.

2. **Repita o que a pessoa lhe disse.** Para evitar mal-entendidos, é importante repetir o que a pessoa lhe disse. É possível fazer isso de duas maneiras: você pode repetir exatamente o que a pessoa disse ou pode parafrasear o que ela disse. Ao parafrasear, você não repete as mesmas palavras como um papagaio. Em vez disso, você repete algo aproximado do que a pessoa disse.

3. **Esclareça o ponto ou o problema levantado pela pessoa.** Conclusões precipitadas em geral resultam em discussões perturbadoras e desnecessárias. Esclarecer ou verificar seus pressupostos sobre o ponto ou o problema o ajuda a verificar se você tem as informações corretas antes de responder. Mesmo que tenha perspectivas ou opiniões diferentes sobre o tópico, você entenderá de onde a pessoa está partindo.

Como com a maioria das coisas, é preciso prática para saber escutar e responder. Uma ótima forma de praticar é com um amigo próximo ou um familiar. Simplesmente lhe faça uma pergunta e então escute e responda de maneira ativa.

Habilidade: Use mensagens na primeira pessoa

Quando você escuta uma pessoa, ouvirá mensagens na segunda ou na primeira pessoa, e mensagens na segunda pessoa tornam muito mais difícil comunicar-se com alguém, sobretudo durante um conflito ou com emoções intensas. Mensagens na segunda pessoa colocam as pessoas na defensiva, em especial quando você utiliza palavras como "deveria", "deve", "tem que", "precisa", "sempre" e "nunca". Quando você diz "Você deveria assistir a esta nova série" a um amigo, pode parecer que está dizendo que ele está desatualizado por não assisti-la. Quando você transmite uma mensagem na segunda pessoa, a pessoa para de escutar e espera pelo ataque ou pela desqualificação. Estes são alguns exemplos:

Situação: Seu namorado está atrasado para buscá-la para irem ao cinema.

Mensagem na segunda pessoa: Você sempre se atrasa!

Situação: Seu chefe lhe pediu para trabalhar no sábado de novo.

Mensagem na segunda pessoa: Você nunca considera que eu tenho uma vida fora do trabalho.

Em contrapartida, mensagens na primeira pessoa o ajudam a se expressar com clareza e honestidade sem culpar os outros. Quando transmite uma mensagem na primeira pessoa, você assume a responsabilidade por como pensa e se sente, o que é menos suscetível de colocar alguém na defensiva. As mensagens na primeira pessoa deixam as pessoas à vontade porque isso soa como se fosse sobre você, e não sobre elas, mesmo quando muitas vezes é sobre elas. Há três partes nas mensagens na primeira pessoa:

1. Eu me sinto...
2. ... quando você...
3. ... porque...

Dê uma olhada nos exemplos na Folha de Atividade: Pratique o Uso de Mensagens na Primeira Pessoa e depois acrescente as suas mensagens.

Instruções

1. Pense em uma situação na qual quer se comunicar com mensagens na primeira pessoa.
2. Escreva as três partes da sua mensagem na primeira pessoa.

Folha de Atividade: Pratique o Uso de Mensagens na Primeira Pessoa	
Situação	Minha irmã pegou meu suéter sem pedir antes.
Eu me sinto...	Incomodada
... quando você...	Pega minhas coisas sem pedir minha permissão
... porque...	Acho que você não me respeita
Em conjunto	Eu me sinto incomodada quando você pega minhas coisas sem pedir minha permissão porque acho que você não me respeita.
Situação	
Eu me sinto...	
... quando você...	
... porque...	
Em conjunto	
Situação	
Eu me sinto...	
... quando você...	
... porque...	
Em conjunto	

Identifique seu estilo de comunicação

Os estilos de comunicação passivo e agressivo tendem a minar sua eficácia em muitas situações sociais. Um estilo de comunicação passivo pode funcionar a curto prazo. É mais fácil concordar com o que a outra pessoa quer, ou dizer "sim", mesmo que a solicitação não seja razoável. No entanto, a longo prazo, um estilo de comunicação passivo tende a criar uma vida em que você não se sente realizado, está infeliz e ressentido. E esse ressentimento pode aumentar até que você exploda e isso talvez prejudique a relação para sempre.

No outro extremo dos estilos de comunicação está a comunicação agressiva. Esse é um estilo em que você grita, ameaça ou intimida a outra pessoa. Como você pode imaginar, não são muitas as relações que conseguem resistir ao tempo com a comunicação agressiva. Use a Folha de Atividade: Identifique Seu Estilo de Comunicação para examinar seu estilo.

Instruções

1. Pense em diversas interações recentes com amigos, familiares ou colegas de trabalho. Assinale (✓) as declarações que mais combinam com sua interação típica na situação.

2. Some as declarações de números pares e some as de números ímpares. Se o total de declarações de números pares for mais alto, seu estilo interpessoal típico é *passivo*. Se o total de declarações de números ímpares for mais alto, seu estilo interpessoal típico é *assertivo*.

Folha de Atividade: Identifique seu Estilo de Comunicação

1.	Quando alguém me trata injustamente, posso chamar a atenção para este fato.
2.	Acho difícil tomar decisões.
3.	Critico abertamente as opiniões, as ideias ou os comportamentos dos outros.
4.	Quando alguém passa à minha frente na fila, não digo nada.
5.	Insisto para que meu cônjuge ou meu colega de quarto faça a sua parte nas tarefas domésticas.
6.	Quando um vendedor tenta me vender algo, acho difícil dizer não.
7.	Chamo a atenção de um vendedor quando ele atende antes alguém que chegou depois de mim.
8.	Tenho relutância em falar em uma discussão ou um debate.
9.	Aviso se uma pessoa a quem emprestei dinheiro ou algum outro bem estiver em atraso.
10.	É difícil para mim expressar para alguém o que sinto.
11.	Sinto-me à vontade se alguém me dá *feedback* direto.
12.	Acho difícil manter contato visual quando falo com outra pessoa.
13.	Quando minha refeição não está preparada adequadamente, peço que o atendente corrija a situação.
14.	É desconfortável quando alguém me observa no trabalho.
15.	Quando alguém está chutando ou batendo na minha cadeira, peço que a pessoa pare.
16.	Quando descubro que uma mercadoria está com defeito, raramente a devolvo.
17.	Insisto para que o técnico faça os reparos ou as substituições que são sua responsabilidade.
18.	Raramente interfiro e tomo decisões pelos outros.
19.	Sou capaz de pedir pequenos favores ou ajuda aos amigos.
20.	Quando tenho uma divergência com uma pessoa que respeito, sinto-me desconfortável para compartilhar meu ponto de vista.
21.	Sou capaz de recusar pedidos despropositados feitos por amigos.
22.	Sinto-me desconfortável para cumprimentar ou elogiar outras pessoas.
23.	Se fico incomodado porque alguém está fumando perto de mim, posso lhe dizer.
24.	Quando conheço alguém, geralmente não sou o primeiro a se apresentar.

Total de declarações de números pares	Total de declarações de números ímpares

ASSERTIVIDADE

Tanto o estilo de comunicação passivo quanto o ativo destroem as relações. Mas existe outra maneira: é a comunicação assertiva, e esta é uma habilidade poderosa de eficácia interpessoal. A comunicação assertiva não garante que você obtenha o que deseja na sua relação, mas certamente aumenta as chances quando comparada com as alternativas: comunicação passiva ou comunicação agressiva. A comunicação assertiva pode ajudá-lo a pedir o que você quer nas relações, a dizer não e estabelecer outros limites e compartilhar com as pessoas o que você gosta e o que não gosta. Diferentemente dos estilos de comunicação passiva e agressiva, a assertiva constrói e fortalece suas relações.

A assertividade inclui uma gama de comportamentos que o ajudam a viver bem a vida e a cuidar de si de diversas maneiras. Talvez as duas ações assertivas mais importantes sejam fazer solicitações cotidianas e manter-se firme.

Habilidade: Faça solicitações cotidianas

Se a assertividade não surge com facilidade para você, fazer solicitações cotidianas será um ótimo ponto de partida. Fazer solicitações cotidianas aos outros, como pedir informações a um estranho ou pedir ao recepcionista para sentar-se em uma mesa diferente em um restaurante, o ajuda a viver bem a vida e também desfrutá-la mais. Igualmente, solicitações assertivas, como perguntar a opinião de alguém sobre um acontecimento ou o que ele gosta de fazer para se divertir, pode transformar conhecidos em amigos. As solicitações cotidianas são feitas em quatro partes:

1. **Explicação breve (opcional):** muitas situações não exigem explicação, como: "Por favor, passe o sal". Entretanto, quando faz sentido explicar por que você está fazendo a solicitação, formule-a com uma frase simples.

    "Estou perdido..."

    "Esta caixa é muito pesada para mim..."

    "Esta calça parece um pouco apertada..."

2. **Declaração para suavizar:** isto sinaliza para a outra pessoa que você está prestes a fazer uma solicitação e que você é uma pessoa educada e razoável.

    "Você se importaria de..."

    "Eu estava pensando se..."

"Eu agradeceria se você…"

3. **Pergunta direta específica:** você declara o que quer de forma clara e específica. Declare sua solicitação como se ela fosse algo normal e razoável que qualquer um teria prazer em atender. Não qualifique nem elabore. Isto só faz com que a solicitação pareça despropositada, quando, na verdade, não é.

4. **Declaração de reconhecimento:** isto encoraja a outra pessoa a dizer "sim" à solicitação e aumenta a probabilidade de que ela diga "sim" a solicitações semelhantes no futuro. Além disso, uma declaração de reconhecimento faz ela parecer especial por ter podido fazer isso por você.

"É muito bom da sua parte…"

"Eu realmente agradeço…"

"Obrigado por fazer isso…"

Quando você reúne as quatro partes, suas solicitações cotidianas podem ser assim:

"Está um pouco frio aqui dentro. Você se importaria de aumentar a temperatura do ar-condicionado? Muito obrigado."

"Estou um pouco confuso. Eu agradeceria se você repetisse. Isso ajudaria muito."

"Fico nervoso quando dirigem assim tão rápido. Você se importaria de ir mais devagar? Obrigado por fazer isso."

Habilidade: Mantenha-se firme

Muitas vezes, para sentir-se seguro ou à vontade, faz sentido manter-se firme, por exemplo, dizendo "não" para alguém que pede seu número, recusando-se a trabalhar mais um sábado quando seu chefe insiste que você é o único que pode ou dizendo a um amigo que sempre se atrasa para chegar na hora. Há quatro partes na habilidade de manter-se firme (DEAL):

1. *Descreva* (em inglês, *Describe*) *o problema*. Quando estiver falando com alguém, diga qual é o problema. Por exemplo, "Esta é a terceira vez que você se atrasou para me pegar".

2. *Expresse* (em inglês, *Express*) *como o problema faz você se sentir sem culpar a outra pessoa*. Por exemplo, "Uma ou duas vezes é razoável, mas três vezes fere meus sentimentos e me faz pensar que você não se importa".

3. *Peça* (em inglês, *Ask*) *uma mudança*. É útil sugerir o que a pessoa poderia fazer para mudar ou reparar a situação. Por exemplo, "Que tal combinarmos que, se estiver atrasado, você me manda uma mensagem para que eu saiba o que está acontecendo?".

4. *Liste* (em inglês, *List*) *como você acha que a mudança vai melhorar sua situação ou reparar o problema*. Isso motiva a pessoa a tentar a solução proposta. Por exemplo, "Acho que se você me avisar quando estiver atrasado, vou me sentir menos incomodado porque saberei se devo ir sozinho ou esperar por você".

Agora reserve alguns minutos para identificar situações cotidianas típicas em que você poderia praticar, por exemplo:

- **Com estranhos:** quando alguém passar na sua frente na fila. Quando um garçom lhe trouxer o pedido errado. Quando um vendedor lhe der o troco errado.

- **Com colegas de classe ou colegas de trabalho:** quando um colega de trabalho pega seu grampeador sem pedir. Quando um colega recebe os créditos por algo que você fez. Quando um funcionário que se reporta a você perde um prazo.

- **Com amigos ou familiares:** quando um familiar o acusa de algo que você não fez. Quando um amigo está mais uma vez atrasado para um encontro. Quando um irmão se esquece de devolver algo que você lhe emprestou.

- **Com professores ou empregadores:** quando seu chefe pede que você trabalhe mais uma vez no sábado. Quando um professor marca um problema em um teste como errado quando, na verdade, está correto.

Quando seu conselheiro insiste para que você faça um curso, mas você não acha que isso seja necessário para se formar.

Agora identifique várias situações para praticar e escreva roteiros de assertividade para essas situações. Os roteiros o ajudam a planejar os passos com antecedência para que se sinta confiante e menos ansioso quando chegar a hora de utilizá-los. Além disso, desenvolver roteiros para as situações típicas que surgirem em sua vida o ajuda a responder de forma assertiva com confiança no momento. Use a Folha de Atividade DEAL para praticar essa habilidade.

Instruções

1. Identifique pelo menos três situações em que você pode praticar a sua habilidade de manter-se firme.

   _____

   _____

   _____

   _____

2. Escreva um roteiro para cada uma.

Folha de Atividade DEAL	
Situação:	
Descreva:	
Expresse:	
Peça (**a**sk):	
Liste:	
Situação:	
Descreva:	
Expresse:	
Peça (**a**sk):	
Liste:	
Situação:	
Descreva:	
Expresse:	
Peça (**a**sk):	
Liste:	

Habilidade: Construa uma escada para praticar assertividade e depois pratique

A assertividade é uma habilidade poderosa, mas não é fácil de praticar no início. A maioria das pessoas não assertivas se sente um pouco ansiosa porque isso pode parecer arriscado. Por isso, é útil começar a praticar em situações de baixo risco, construir confiança e depois trabalhar em situações que provocam mais ansiedade. É quando entra em cena a Folha de Atividade: Escada para Praticar a Assertividade.

Instruções

1. Faça uma lista de situações em que você quer praticar a assertividade. Inclua problemas com amigos, familiares, pessoas que trabalham para você ou com você, etc.
2. Classifique as situações de 1 a 10 em termos de risco e dificuldade, com 1 sendo a menos desafiadora e 10 sendo a mais desafiadora. Tente listar situações que abranjam a escada em termos de dificuldade, com algumas mais fáceis e algumas difíceis.
3. Escreva um roteiro de assertividade para cada uma das situações na escada.
4. Pratique assertividade na primeira situação (mais fácil). Após a primeira prática, reflita sobre o que funcionou e o que você poderia melhorar. Por exemplo, você poderia mudar o roteiro para melhorar a eficácia da sua declaração assertiva? Você poderia se posicionar ou agir de modo um pouco diferente para transmitir mais confiança? Incorpore o que você aprendeu e tente a segunda situação (a seguinte mais fácil).
5. Continue a subir a escada deste modo. Não há problema em praticar a mesma situação (mesmo degrau) diversas vezes antes de subir o próximo degrau. A cada degrau que você sobe na escada, sua confiança aumenta.

Folha de Atividade: Escada para Praticar a Assertividade	
Classificação	Situação
10	
9	
8	
7	
6	
5	
4	
3	
2	
1	

Descreva o que você observou quando foi assertivo nessas situações e por que você acha que as pessoas responderam da maneira como responderam.

_____

_____

_____

_____

_____

_____

_____

_____

GESTÃO DE CONFLITOS

É praticamente impossível que duas pessoas concordem em tudo o tempo todo. Portanto, o conflito é inevitável. A gestão de conflitos de formas saudáveis fortalece e aprofunda suas relações com os amigos, os familiares, os colegas de trabalho e outras pessoas. Para gerenciar conflitos com eficiência, experimente estas habilidades:

- Considerar os dois lados com validação.
- Tocar o disco arranhado.
- Concordar em discordar.
- Colher a flor e ignorar as ervas daninhas.
- Pedir um tempo ou uma segunda opinião.

Habilidade: Considere os dois lados com validação

De maneira típica, as pessoas passam da conversa para o conflito quando uma delas acha que não está sendo compreendida. Então, ela tenta fazer a outra pessoa entendê-la com mais argumentos, asserções e, algumas vezes, levantando a voz. Uma forma simples e eficaz de desescalar esse ciclo é considerar os dois lados com declarações de validação.

Validar o ponto de vista de alguém não significa que você concorda com ele ou com a pessoa. Significa que você entende seu ponto de vista. A validação dos dois lados começa com uma declaração do tipo "Entendo que…" que valida o ponto de vista da outra pessoa e sinaliza que você entende por que ela pensa e se sente assim. Então, isso é seguido por uma declaração do tipo "Da minha parte…" que valida seu ponto de vista para ajudar a outra pessoa a entender o seu ponto de vista. Estes são alguns exemplos:

- "*Entendo* que você acha que não há como terminar este projeto a tempo. É um grande projeto com um cronograma acelerado. *Da minha parte*, meu chefe está me pressionando para avançar com este projeto o mais rápido possível. Há muita coisa em jogo para nós dois."
- "*Entendo* que você está tentando manter a casa limpa e arrumada. Aprecio muito isso. *Da minha parte*, é frustrante quando tenho que procurar alguma coisa que você guardou. Acabo perdendo tempo. Uma casa arrumada não é tão importante para mim quanto fazer as coisas o mais rápido que posso."
- "*Entendo* que quando eu disse que você não está fazendo a sua parte, isso feriu seus sentimentos. Para mim isso também seria difícil de ouvir. *Da minha parte*, eu trabalho o dia todo e então chego em casa e vejo você assistindo à televisão. Não estou pedindo que você faça tudo em casa, mas quero um pouco mais de você."

Reflita sobre situações pessoais e profissionais típicas que surgem em que você poderia praticar como considerar os dois lados com validação.

_____

_____

_____

_____

_____

_____

_____

_____

_____

Habilidade: Toque o disco arranhado

Mesmo quando você considerou os dois lados com validação, as pessoas muitas vezes continuam a resistir. Em vez de continuar a argumentar com elas, o que só aumenta sua frustração, tente a técnica do disco arranhado. Primeiro, desenvolva uma declaração simples e específica com apenas uma sentença que expresse o que você quer ou não quer. Evite desculpas e não se explique. Você já passou dessa fase. Está na hora do disco arranhado. Se a outra pessoa perguntar por que (p. ex., "Por que você quer...?", "Por que isso é tão importante para você?"), simplesmente diga "É assim que eu prefiro" ou "É assim que eu vejo isso". Responder a perguntas do tipo "por que" só fornece munição para a outra pessoa continuar discutindo com você. Envie sinais corporais de confiança: mantenha contato visual e fale com uma voz calma e firme. Depois, apenas repita a declaração tantas vezes quanto for preciso. Este é um exemplo:

Jole: Eu paguei o almoço nas duas últimas vezes. Gostaria que você pagasse desta vez.

Jill: Estou com pouco dinheiro esta semana. Pagarei da próxima vez.

Jole: Você e eu recebemos praticamente o mesmo salário. Eu gostaria que você pagasse hoje.

Jill: Por que você não confia em mim? Você acha que não vou pagar da próxima vez?

Jole: Já paguei nas últimas vezes. Não me parece justo. Quero que você pague o almoço hoje.

Jill: Não fique irritado. Já falei que pagarei da próxima vez.

Jole: Você não paga o almoço há semanas. Eu gostaria que você pagasse hoje.

Habilidade: Concorde em discordar

Esta técnica sinaliza para a outra pessoa que você encerrou a discussão de um assunto. A maioria das pessoas – mesmo aquelas que estão convencidas de que estão certas e que você está errado – podem concordar em discordar. Por exemplo, "Eu ouvi o que você está dizendo. Espero que você concorde em discordar quanto a isso." ou "Estamos discutindo isso há um bom tempo. Acho que está na hora de concordarmos em discordar.".

Habilidade: Colha a flor e ignore as ervas daninhas

Esta estratégia é uma ótima forma de desescalar um conflito porque você concorda em parte com o que alguém está dizendo. Essa parte é a flor. E você ignora as outras partes das quais discorda. Essas são as ervas daninhas. O segredo é encontrar uma parte – mesmo que seja pequena – do que é dito que você aceita. Depois comunique à pessoa que você concorda com essa parte. Você ignora o resto do seu argumento ou da sua explicação. Cuidado com palavras como "sempre" e "nunca". É provável que haja uma pequena verdade nesses exageros que você pode destacar:

O outro: Você sempre diz "não" quando eu quero comprar alguma coisa.

Você: Você está certo. Algumas vezes eu digo "não" quando você pede dinheiro.

O outro: Você nunca me escuta.

Você: É verdade. Houve situações em que não ouvi alguma coisa que você estava me dizendo.

Habilidade: Peça um tempo ou uma segunda opinião

Esta técnica aperta o botão de pausa. Ela é especialmente útil quando alguém está lhe pressionando para tomar uma decisão ou para concordar de imediato com um plano. Pedir um pouco de tempo lhe dá espaço para se acalmar e preparar uma resposta efetiva ou uma contraproposta. Por exemplo, "Você fez algumas observações pertinentes. Eu sempre me dou 24 horas para refletir em situações como esta. A que horas posso lhe telefonar amanhã?" ou "Depois do almoço lhe dou um retorno. Isso é importante e quero pensar bem a respeito antes de me comprometer com alguma coisa.".

Outra técnica de adiamento é dizer à outra pessoa que você quer uma segunda opinião. Isso não só lhe dá tempo para refletir sobre o que você quer, mas também pode ajudar a analisar a situação com uma terceira pessoa neutra. Por exemplo, "Gosto de ouvir a opinião da minha diretora de vendas sobre este tipo de coisa antes de me comprometer. Voltarei a entrar em contato com você após falar com ela." ou "Sempre analiso assuntos como este com meu parceiro antes de me comprometer. Telefono para você amanhã depois que falar com ele.".

Habilidade: Negocie

Negociar significa que você e outra pessoa trabalham para entrar em acordo ou encontrar um meio-termo para uma situação ou um problema. Quando você e a pessoa chegam a um acordo, cada um ganha um pouco e perde um pouco e, desse modo, ambos saem ganhando. As melhores negociações iniciam antes mesmo de você se encontrar e falar com a pessoa. Use a Folha de Atividade: Negocie quando estiver se preparando para negociar um conflito ou necessidades conflitantes.

Instruções

1. Na coluna *Ceda um pouco*, liste as coisas sobre a situação ou o problema em que você poderia ceder um pouco.
2. Na coluna *Mantenha-se firme*, liste as coisas em que quer se manter firme.
3. Na caixa *Minha sugestão ou solução inicial*, escreva a primeira solução ou sugestão que você apresentará quando começar a negociar.

Folha de Atividade: Negocie	
Ceda um pouco	**Mantenha-se firme**
1.	1.
2.	2.
3.	3.

Minha sugestão ou solução inicial:

Agora que você se preparou para negociar, está na hora de iniciar o processo real de negociação. Se você iniciar o processo de negociação, apresente a sugestão ou a solução inicial que identificou. Enquanto a negociação prossegue, certifique-se de oferecer soluções que contemplem pelo menos algumas das preocupações da outra pessoa. Se não tiver certeza do que a pessoa quer, pergunte "O que você quer de mim?" ou "Onde você acha que eu poderia ceder um pouco?".

Durante a negociação, sorria e acene com a cabeça enquanto ouve a pessoa. Isso sinaliza que você está confiante de que existe um meio-termo e que você está aberto a trabalhar com ela para encontrá-lo. Durante a negociação, considere uma ou mais das seguintes estratégias de compromisso:

- **Dividir a diferença:** isso funciona ao negociar sobre quanto tempo passar fazendo algo ou quanto dinheiro gastar.
- **Fazer revezamento:** isso funciona ao negociar a participação em uma atividade. Por exemplo, em uma viagem de carro, você dirige antes do almoço e seu amigo dirige após o almoço.
- **Período de experiência:** chegue a um acordo quanto a uma solução por um período e depois reavalie. Se não estiver funcionando para a outra pessoa, renegocie.
- **Trocar uma coisa por outra:** essa é outra maneira de negociar atividades, como as tarefas domésticas. Você limpará o banheiro todas as semanas se seu colega de quarto aspirar as áreas comuns todas as semanas.
- **Do meu jeito, depois do seu jeito:** essa é uma ótima forma de cada pessoa fazer do seu jeito. Por exemplo, você ouve ópera enquanto prepara o jantar e seu parceiro ouve *heavy metal* enquanto limpa a cozinha após o jantar.

RESUMO

As habilidades de eficácia interpessoal são vitais para construir e manter relações fortes que tornam a vida divertida e com significado. Além disso, essas habilidades aumentam a confiança de que você pode cuidar de si de muitas maneiras.

No próximo capítulo, você aprenderá habilidades para melhorar sua habilidade de gerir o tempo e as tarefas. Essas habilidades não só o ajudarão a ser mais eficiente e produtivo na vida como também você se sentirá menos estressado enquanto busca o sucesso.

6
Habilidades de gestão do tempo e das tarefas

A verdade é que o dia tem apenas 24 horas. A forma como passamos essas horas faz uma grande diferença no que conseguimos fazer, bem como na pressa e na sobrecarga que sentimos. Neste capítulo, você aprenderá habilidades para gerir o tempo e as tarefas e, acredite ou não, você tem mais influência sobre isso do que pensa. Seja para iniciar o dever de casa, responder aos *e-mails*, concluir pequenas tarefas e grandes projetos no prazo ou simplesmente dobrar a roupa lavada, você aprenderá habilidades que criarão mais paz de espírito e tempo extra para fazer o que é importante para você.

As habilidades de gestão do tempo e das tarefas são um conjunto de estratégias comportamentais que o ajudam a iniciar e terminar as tarefas com eficiência. Essas habilidades são basicamente *habilidades externas* porque focam em duas coisas que estão fora de você: os projetos e as atividades que fazem parte da sua vida e o tempo que você tem para realizá-los. Ao mesmo tempo, a forma como você pensa pode influenciar sua capacidade de iniciar tarefas, e você aprenderá habilidades para ajudá-lo a fazer isso também.

POR QUE AS HABILIDADES DE GESTÃO DO TEMPO E DAS TAREFAS SÃO IMPORTANTES?

Mesmo quando você é inteligente e competente, se não possui habilidades de gestão do tempo e das tarefas, duas coisas tendem a acontecer. Primeiro, você fica cada vez mais para trás na vida, e isso pode gerar consequências pessoais e profissionais, como relações conflituadas e oportunidades profissionais perdidas. Em segundo lugar, essas consequências na vida real se somam ao seu estresse e à sua frustração cotidianos e, enquanto continua a lutar, você vai ficando desanimado, sobrecarregado e deprimido. Isso só aumenta as dificuldades que você tem para realizar as coisas.

Desse modo, o objetivo das habilidades de gestão do tempo e das tarefas é ajudá-lo a fazer mais com o tempo que você tem e sentir-se menos estressado e frustrado no processo. Quem não precisaria utilizar habilidades como essas?

Habilidade: Aumente a consciência do tempo e das tarefas

O primeiro passo para aprender a gerenciar o tempo e as tarefas é saber o que você faz com seu tempo e a duração que essas atividades e tarefas geralmente têm. Use a Folha de Registro da Consciência do Tempo e das Tarefas para registrar essas atividades.

Instruções

1. Escolha um dia e uma janela de tempo, talvez desde a hora que você acorda até o almoço, ou por um período (p. ex., das 9h às 12h). Na folha de registro, escreva o que você planeja fazer e faça uma estimativa do tempo que acha que a tarefa exigirá e quando planeja iniciá-la.
2. Após concluir a atividade ou a tarefa, escreva na folha de registro quanto tempo de fato levou para a tarefa ser concluída e a hora real em que você a iniciou. Tente isso por alguns dias para ter uma boa noção da destinação do seu tempo.

Folha de Registro da Consciência do Tempo e das Tarefas				
Atividade ou tarefa	Tempo estimado para conclusão	Hora programada para início	Tempo real de conclusão	Hora real de início
Esboço do relatório mensal de acompanhamento	30 minutos	13:30	45 minutos	14:15

Agora que você concluiu alguns dias de registro, calcule sua relação tempo-tarefa (TTR) para cada tarefa: [tempo real para conclusão] − [tempo estimado para conclusão] ÷ [tempo estimado para conclusão] × 100%. A partir do exemplo, 45 − 30 ÷ 30 × 100% = +50%. Em seguida, calcule a média dessas relações para calcular a TTR.

Se a média da sua TTR for 0%, você estimou perfeitamente o tempo para a tarefa. Se a média da sua TTR for um número positivo (+), você tende a *subestimar* a quantidade de tempo para concluir as tarefas. Tente adicionar essa porcentagem da média da TTR às suas estimativas de tempo. Por exemplo, se a média da sua TTR for +25%, acrescente 10 minutos à sua estimativa inicial de 40 minutos. Já se a média da sua TTR for um número negativo (−), você tende a *superestimar* a quantidade de tempo para concluir as tarefas. Tente subtrair a porcentagem desta média da TTR das suas estimativas de tempo. Por exemplo, se a média da sua TTR for −10%, subtraia 4 minutos da sua estimativa inicial de 40.

Depois disso, calcule (em minutos) seu fator tempo para iniciar (TSF) para cada tarefa: [hora programada para início] − [hora real de início]. A partir do exemplo, 13:30 − 14:15 = −45 minutos. Agora calcule a média da relação TSF. Se o seu TSF for 0, você tende a iniciar as tarefas imediatamente sem qualquer atraso. Bom trabalho! Se o seu TSF for um número negativo (−), você tende a atrasar ou procrastinar o início das tarefas. Tente algumas das habilidades inclusas neste capítulo para diminuir seu TSF e procrastinar menos.

Descreva o que aprendeu. O quanto você é bom em estimar a quantidade de tempo que as tarefas exigem? Você tem tendência a procrastinar ou inicia e conclui as tarefas rapidamente? Enquanto prestava atenção ao que faz e quando inicia, o que você notou quando adiou o início?

_____

_____

_____

_____

_____

Habilidade: Gerencie o tempo

Quem nunca disse "Uau, nem vi o tempo passar"? Mas se o tempo lhe escapa com muita frequência, você poderá sofrer consequências a curto e longo prazos: perder compromissos, perder prazos, perder oportunidades.

Na habilidade anterior, você aprendeu algo sobre sua capacidade de estimar o tempo necessário para concluir tarefas típicas. É importante pensar nas tarefas em termos de tempo porque você pode programá-las melhor na sua agenda se souber quanto tempo essas tarefas exigirão. Se você tem tendência a subestimar o tempo que as tarefas levam, tente o seguinte:

- **Inclua um pequeno espaço de manobra em seu horário.** Programe 30 a 60 minutos antes do almoço e após o almoço para acomodar as surpresas. Por exemplo, você se depara com um tráfego inesperado ou seu chefe marca uma reunião não programada na sua agenda, ou você se dá conta de que precisa de algo para concluir o projeto e levará tempo para obtê-lo. Um pequeno espaço de manobra é um salva-vidas.

- **Use um temporizador.** Se você tem tendência a se distrair, um temporizador é uma ótima forma de se manter no caminho certo. Programe um temporizador para cinco ou 10 minutos antes de iniciar uma tarefa. Quando o temporizador soar, pergunte-se: "Ainda estou trabalhando na tarefa que iniciei quando programei o temporizador?". Se a resposta for sim, reinicie o temporizador e retome o trabalho na tarefa. Se a resposta for não, retorne à tarefa original e programe o temporizador novamente. Desse modo, você só perde cinco ou 10 minutos em vez de 40 minutos trabalhando em tarefas nas quais não pretendia trabalhar inicialmente.

- **Melhore sua consciência do tempo.** Se você tem tendência a flutuar de momento a momento com pouca consciência da passagem do tempo, tente este jogo simples para aumentar sua consciência do tempo, e também para melhorar sua habilidade de estimá-lo. Ao longo do dia, pare e pergunte-se que horas acha que são. Por exemplo, se eram 10 horas da manhã na última vez que olhou para um relógio, ao longo do dia, pare e faça uma estimativa da hora e então consulte o relógio. Com a prática, você vai melhorar sua habilidade de estimar a hora do dia com bastante precisão.

Uma segunda maneira de melhorar sua consciência do tempo é usar a Folha de Registro para Estimar o Tempo com Precisão.

Instruções

1. Por várias semanas, estime e registre quanto tempo você acha que uma tarefa vai demorar, depois avalie e registre seu grau de confiança de que a estimativa está correta.
2. Após concluir a tarefa, registre quanto tempo foi de fato necessário para concluí-la. Com a prática, você notará que sua confiança em sua habilidade de estimar o tempo para a tarefa aumenta à medida que aumentar sua habilidade para estimar com precisão o tempo para a tarefa.

Folha de Registro para Estimar o Tempo com Precisão			
Tarefa	Tempo estimado (minutos)	Confiança na estimativa (0-100%)	Tempo real (minutos)
Arquivar os relatórios preenchidos.	30 minutos	50%	45 minutos

Habilidade: Pratique a gestão estratégica do tempo

Se você estivesse preso em uma ilha com apenas uma mochila de comida, provavelmente planejaria o que, quanto e quando comer as escassas porções que tem. É importante pensar no tempo deste modo. Ele é um recurso limitado, e é importante que você o racione com cuidado. Para praticar a gestão estratégica do tempo, considere o seguinte:

- A que horas do dia você está mais descansado e focado? Quais tarefas mais exigentes você pode programar para esse horário?
- Há momentos limitados durante o dia em que você pode realizar essa tarefa (p. ex., ligar para o consultório do dentista)? O que você poderia fazer agora e depois deixar de lado o passo seguinte até este horário que é limitado?
- Esta é uma tarefa que você pode fazer ao mesmo tempo em que trabalha em outra (p. ex., que tarefa você poderia realizar enquanto está esperando na linha, qual tarefa você poderia realizar enquanto está espera para ser atendido no consultório)?
- É melhor focar apenas nesta tarefa ou você pode realizá-la enquanto realiza outra?
- Você pode delegar esta tarefa a outra pessoa?
- Se você realizar esta tarefa agora, dormirá melhor esta noite?
- Se você precisa de algo para iniciar esta tarefa, quando poderia conseguir isso e como?

Experimente a gestão estratégica do tempo por uma semana. Lembre-se, o tempo é um recurso, e você está aprendendo a gerir esse recurso fazendo escolhas inteligentes com o seu tempo, considerando os pormenores da sua vida cotidiana. Utilize o que aprendeu na habilidade Aumente a consciência do tempo e das tarefas para estimar com precisão a quantidade de tempo que determinada tarefa exigirá. No entanto, ao trabalhar em uma tarefa ou um projeto que nunca realizou antes, inclua um pouco mais de tempo para sua curva de aprendizagem.

Descreva o que aprendeu após uma semana de gestão estratégica do tempo. Houve surpresas em relação às decisões que você tomou com seu tempo? Quais foram elas? Qual estratégia de gestão do tempo funcionou melhor para você? Qual estratégia de gestão do tempo funcionou menos para você e por quê?

_____

_____

_____

_____

_____

_____

Habilidade: Desmembre as tarefas

Quando você está ansioso, deprimido ou simplesmente sobrecarregado pelas muitas coisas que tem para fazer, fica mais difícil fazê-las. Você se convence de que fará mais tarde, quando tiver mais energia ou quando estiver menos estressado. Quando você adia as coisas, sua ansiedade aumenta, seu humor despenca e você se sente cada vez mais sobrecarregado. Agora parece impossível iniciar um projeto, mesmo que seja pequeno, tampouco terminá-lo. Para colocar as coisas em andamento, pode ser útil desmembrar um projeto grande em projetos ou etapas menores.

Instruções

1. Pense em um projeto ou uma tarefa que você está adiando o início. Pode ser um projeto da escola, um projeto em casa ou alguma outra coisa.
2. Pergunte-se: "Em quantas partes posso dividir esta tarefa?". Então divida a tarefa ou o projeto no maior número de etapas possíveis.
3. Examine cada etapa. Avalie seu grau de confiança (0 a 100%, em que 100% é completamente confiante) de que consegue iniciar e concluir a etapa conforme a descreveu. Tente obter um nível de confiança acima de 90%. Se você sentir menos de 90% de confiança, desmembre essa etapa pequena em algumas etapas ainda menores. Para ajudar a avaliar seu nível de confiança, pergunte-se:
   - Quanto tempo demorei para concluir tarefas similares no passado?
   - Quanto tempo demorei para concluir tarefas similares quando estava sob pressão?
   - Quanto tempo demorei para concluir tarefas similares quando estava trabalhando com eficiência?
   - Quanto tempo um amigo ou colega de trabalho demora para concluir tarefas similares?
4. Continue desmembrando cada etapa até que tenha etapas suficientes para que se sinta confiante (acima de 90%) de que é capaz de iniciar e concluir.

Habilidade: Crie uma ordem de prioridade para as tarefas

É provável que você tenha ouvido que uma forma poderosa de realizar mais é criar uma ordem de prioridade para as tarefas antes de começar a trabalhar nelas. Há diversas vantagens em criar uma ordem de prioridade para as tarefas:

- **Aumenta a produtividade:** concluir primeiro as tarefas mais importantes tem maior impacto na sua produtividade. Elas são importantes por alguma razão.
- **Diminui o estresse e a preocupação:** quando você concluir primeiro as tarefas importantes, se sentirá menos preocupado em perder prazos importantes. Menos preocupação e ansiedade vão melhorar sua capacidade de concentração e, por conseguinte, trabalhará com eficiência.
- **Você saberá quando estiver procrastinando:** se você estiver trabalhando em tarefas menos importantes e ainda não iniciou ou concluiu tarefas mais importantes, então está procrastinando. Você aprenderá outras habilidades neste capítulo para procrastinar menos, mas, para parar de procrastinar, é essencial saber quando você está fazendo isto.

O método ABC é uma forma simples de priorizar as tarefas em três categorias, conforme a sua importância:

- *Tarefas A:* em geral, são tarefas urgentes com prazos e você as conclui primeiro antes de iniciar as tarefas B ou as tarefas C. A maioria das tarefas são tarefas "concluídas até o final do dia" ou em 24 horas, como quando seu chefe lhe pede para criar uma agenda para a reunião marcada para mais tarde naquele dia ou quando é importante fazer uma reunião com um colega de trabalho antes que ele saia naquele dia.
- *Tarefas B:* não estão necessariamente associadas a um prazo, mas é importante que sejam concluídas relativamente em breve, como organizar uma festa no escritório ou preparar-se para uma reunião na semana seguinte. Você conclui essas tarefas geralmente no espaço de uma semana ou duas.
- *Tarefas C:* são as menos importantes na sua programação, como preencher a papelada ou organizar sua mesa.

Dicas para as tarefas A

Se uma tarefa A for um projeto grande que você não consegue concluir em um dia, desmembre-a em subtarefas e utilize números para priorizá-las, como A1, A2, A3. Mas sempre trabalhe nas tarefas A antes das tarefas B e das tarefas C, mesmo que a tarefa A seja um A33, pois mesmo uma tarefa A33 é mais importante do que uma tarefa B.

Trabalhe em tarefas A durante suas melhores horas do dia. Para algumas pessoas, essa é a primeira coisa a fazer pela manhã. Para outras, é antes do almoço. Entretanto, fique atento a uma tendência a trabalhar em tarefas A mais no final do dia. Talvez você esteja procrastinando.

Dicas para as tarefas B

Se você tem múltiplas tarefas B, utilize números para priorizá-las também, como B1, B2, B3. Isso o ajudará a focar na tarefa B mais importante antes de iniciar a seguinte. Como as tarefas A são as mais importantes a serem concluídas, é provável que queira realizá-las você mesmo; por isso, considere delegar as tarefas B.

Dicas para as tarefas C

Você também pode delegar tarefas C, mas elas podem ser ótimas para serem realizadas quando você tem um ou dois minutos livres, como enquanto está esperando para pegar seu filho na escola ou esperando que alguém chegue para uma reunião. No entanto, isso requer algum planejamento; portanto, dê uma olhada na sua programação e na sua lista de tarefas C e anote qual delas pode ser feita em momentos livres.

Habilidade: Planeje com antecedência

Alguns minutos no final do dia (ou no início do dia, se preferir) podem criar uma dinâmica para o dia seguinte e esta é uma ótima forma de você se recompensar pelo que concluiu. Para ajudar com isso, use o Cronograma de Planejamento Antecipado.

Instruções

1. Reserve alguns minutos no final do dia para planejar o dia seguinte.
2. Revise o que concluiu naquele dia e crie uma lista das tarefas a fazer no dia seguinte.
3. Priorize essas tarefas.

Cronograma de Planejamento Antecipado				
Hora	Tarefa ou atividade (seja específico)	A	B	C
14:00	Ligar para Janice e agendar a reunião de equipe para a próxima semana.	✓		
6:00				
7:00				
8:00				
9:00				
10:00				
11:00				
12:00				
13:00				
14:00				
15:00				
16:00				
17:00				
18:00				
19:00				
20:00				
21:00				
22:00				
23:00				
00:00				

Habilidade: Faça agora

Muitas vezes, nos convencemos a não fazer alguma coisa: "Estou muito cansado hoje", "Não tenho tempo", ou a frase favorita de todos: "Farei mais tarde". Talvez você faça mais tarde ou talvez não. Provavelmente, um pouco dessa atitude de "deixar para fazer mais tarde" não criará grandes problemas em sua vida. Mas se você tem um padrão habitual de adiar para mais tarde o que seria do seu maior interesse fazer agora, e esse padrão resulta em consequências significativas a curto e longo prazos (mais estresse ou infelicidade, perda do emprego ou de relações), você pode estar enfrentando o maior obstáculo para a gestão eficiente do tempo e das tarefas: uma atitude de deixar para fazer mais tarde. Há três ingredientes que estão presentes em qualquer plano para vencer a procrastinação e a atitude de deixar para fazer mais tarde:

- **Consciência:** você não conseguirá vencer a procrastinação se não tiver consciência de que está fazendo isso. Para aumentar sua consciência, programe um temporizador para 10 minutos. Quando ele soar, pergunte-se: "Já comecei a trabalhar na tarefa?". Se a resposta for "sim", reinicie o temporizador e continue a trabalhar. Se a resposta for "não", reinicie o temporizador e comece. Além disso, lembre-se do sistema de prioridades ABC. Se você tem tarefas A e está trabalhando em tarefas B ou C, ou se tem tarefas B e está trabalhando em tarefas C, você está procrastinando.
- **Atitude de fazer agora:** procrastinação é evitação: evitar tarefas que o deixam ansioso ou o deprimem. Evitar tarefas que exigem muito esforço mental. Evitar tarefas que você sabe que levarão muito tempo porque acha que precisa executá-las com perfeição. Independentemente das suas razões para procrastinar, isso tende a começar com um ou mais pensamentos do tipo "permissão para fazer mais tarde":
    - Só posso iniciar quando tiver tempo suficiente para terminar o trabalho inteiro.
    - Vou iniciar depois que pesquisar mais.
    - Vou esperar até saber que posso fazer isto.
    - Vou iniciar quando tiver mais energia.
    - Tenho que ter certeza de que sei como fazer isso antes de iniciar.

    Tente contestar pensamentos do tipo *fazer mais tarde* com pensamentos do tipo *fazer agora*. Por exemplo, conteste o pensamento "Farei quando tiver mais tempo" com algo como "Você não sabe se terá mais tempo mais tarde. Faça o trabalho agora com o tempo que você tem agora.".

- **Ação diante do desconforto:** se você procrastina, é porque tomou a decisão de evitar o desconforto (ansiedade, fadiga, estresse, aborrecimento ou culpa) em vez de levar adiante a tarefa ou o projeto apesar disso. Para vencer a procrastinação, é essencial agir diante de um desconforto como esse. Para aumentar sua disposição para agir diante do desconforto, pergunte-se:
  - O que eu perco ou arrisco se continuar a procrastinar?
  - O que ganharei (tempo livre, relações positivas, sucesso) se iniciar agora?
  - O que ganharei se concluir a tarefa?

Para ajudar a vencer a procrastinação, examine a folha de atividade de exemplo e depois utilize a Folha de Atividade: Faça Agora para praticar a habilidade.

Instruções

1. Reserve alguns minutos e considere quais tarefas você está adiando para começar. Seja honesto consigo mesmo. Se você tem uma lista de coisas a fazer, faça uma análise e identifique alguma tarefa que está na lista há muito tempo. Escreva a tarefa no espaço *Consciência* na folha de atividade.

2. Na seção *Atitude de permissão para fazer mais tarde*, escreva o que está dizendo a si mesmo que faz com que procrastinar seja bom o suficiente para que você esteja disposto a adiar o início da tarefa.

3. Na seção *Perdas*, escreva o que você perde a curto e a longo prazos ao adiar. Lembre-se, as consequências a curto prazo podem ser sentimentos desagradáveis (culpa por ter decepcionado alguém, frustração consigo mesmo por um prazo perdido). Consequências a longo prazo são as que você experimentou no passado (oportunidade perdida, colega de trabalho aborrecido, amizade perdida) que poderiam acontecer novamente se você procrastinar.

4. Na seção *Atitude de fazer agora*, escreva o que você poderia dizer a si mesmo que faria com que fosse bom iniciar a tarefa agora. Algumas vezes você escreverá o que sabe que é a verdade, como "Eu digo a mim mesmo que farei quando tiver mais tempo, mas, na verdade, não sei se terei mais tempo mais tarde", e acrescentará uma declaração que o encoraje a iniciar na hora, independentemente das razões que dá a si mesmo para adiar o começo.

5. Na seção *Ganhos*, escreva o que ganhará se iniciar a tarefa agora. Algumas vezes, o que você ganha é menos de alguma coisa (menos culpa, menos

estresse, menos decepção). Outras, é mais de alguma coisa (mais tempo para fazer coisas divertidas, amizades mais fortes, maior autoconfiança).
6. Por fim, na seção *Plano*, escreva seu plano. Quais habilidades ou estratégias você poderia usar para iniciar agora ou para se manter no caminho? Inclua em seu plano formas de se lembrar de fazer agora (temporizadores, lembretes). Além disso, escreva o que você ganhará ao fazer agora, bem como o que dirá a esses pensamentos desagradáveis que você identificou e que lhe dão permissão para adiar o início da tarefa.

Folha de Atividade: Faça Agora	
Consciência O que estou adiando?	
Preparação da minha apresentação para a reunião de equipe na sexta-feira.	
Atitude de permissão para fazer mais tarde O que estou dizendo a mim mesmo que me permite adiar?	**Atitude de fazer agora** O que posso dizer a mim mesmo que me permita começar agora?
Farei isso quando tiver mais tempo.	Você não sabe se terá mais tempo mais tarde. Faça o trabalho agora com o tempo que você tem agora.
Perdas O que eu perco se continuar a adiar?	**Ganhos** O que eu ganho se fizer agora?
Mais culpa, estresse e frustração comigo mesmo porque não tive tempo suficiente para fazer um bom trabalho.	Tempo para fazer algo divertido sem me preocupar se terei tempo para concluir a apresentação.
Plano Qual é meu plano para enfrentar o desconforto e fazer agora?	
Vou usar um temporizador para me ajudar a iniciar e me manter no caminho certo. Vou colar uma anotação em meu computador: "Você está trabalhando na sua apresentação ou está procrastinando?". Vou ficar atento ao meu pensamento favorito de fazer mais tarde: "Farei quando tiver mais tempo", e contestar com: "Você não sabe se terá mais tempo mais tarde. Faça o trabalho agora com o tempo que você tem agora.". Também me lembrarei do que ganho ao iniciar, que é mais tempo para passar com meus filhos, além do que eu perco se continuar a procrastinar: estresse, frustração e culpa.	

Folha de Atividade: Faça Agora		
Consciência O que estou adiando?		
Atitude de permissão para fazer mais tarde O que estou dizendo a mim mesmo que me permite adiar?		**Atitude de fazer agora** O que posso dizer a mim mesmo que me permita começar agora?
Perdas O que eu perco se continuar a adiar?		**Ganhos** O que eu ganho se fizer agora?
Plano Qual é meu plano para enfrentar o desconforto e fazer agora?		

Habilidade: Resolva os problemas

Quando você está ansioso, deprimido, sem esperança, estressado ou simplesmente sobrecarregado, pequenos problemas podem parecer enormes. Você pode ficar paralisado ou se sentir incapaz de pensar com clareza sobre o problema ou sobre como resolvê-lo. É nesse momento que a habilidade de resolução de problemas mais pode ajudar. Use a Folha de Atividade: Resolva os Problemas para ajudá-lo a se sentir mais calmo, capaz e esperançoso.

Instruções

1. Defina o problema.
2. Faça um *brainstorm* de soluções potenciais que possam ajudar.
3. Considere as vantagens e as desvantagens de cada solução potencial.
4. Classifique as soluções potenciais em termos de prioridade em uma escala de 1 a 4 (1 = maior probabilidade de ajudar).
5. Selecione a solução classificada como nº 1 e planeje como vai implementá-la. A melhor solução é aquela com maior probabilidade de funcionar e menor probabilidade de lhe causar mais problemas. Raramente haverá uma solução perfeita para um problema, mas há muitas soluções boas que podem ajudar e não piorar as coisas. Lembre-se: você não tem como saber se uma solução funcionará, a não ser que tente.
6. Examine se a solução funcionou bem. Para isso, imagine um alvo. Se você atingiu o centro do alvo, então sua solução funcionou muito bem. Isso significa que você conseguiu o que queria *e* não criou outros problemas para você.
7. Decida o próximo passo. Se a solução atingiu o alvo, mas não foi no centro deste, isso significa que você deverá modificá-la um pouco. Se a solução errou o alvo completamente, isso significa que ela não funcionou ou, pior ainda, criou mais problemas para você. Selecione a próxima solução (classificada como nº 2).

Folha de Atividade: Resolva os Problemas
Problema:
***Brainstorm* das soluções potenciais**

Solução 1:	
Solução 2:	
Solução 3:	
Solução 4:	

Liste as vantagens e as desvantagens de cada solução potencial	
Solução 1: Classificação _____	
Vantagens:	
Desvantagens:	
Solução 2: Classificação _____	
Vantagens:	
Desvantagens:	

Solução 3: Classificação: _____	
Vantagens:	
Desvantagens:	
Solução 4: Classificação _____	
Vantagens:	
Desvantagens:	

Analise as vantagens e as desvantagens de cada solução e classifique por prioridade (1-4):

Planeje como implementará a solução classificada como nº 1:	
Quando e onde	
Passos	1. _____ 2. _____ 3. _____ 4. _____

Examine se a solução funcionou bem e decida o próximo passo:

Você pode aplicar essa habilidade de resolução de problemas à maioria destes, incluindo problemas sociais, como um chefe que lhe pede repetidamente para trabalhar nos fins de semana ou um amigo que sempre se atrasa. Como você pode imaginar, muitas das soluções para problemas sociais envolvem as habilidades de eficácia interpessoal que você aprendeu no capítulo anterior.

RESUMO

As habilidades de gestão do tempo e das tarefas podem melhorar sua eficácia na vida. Com essas habilidades, você conseguirá fazer mais coisas e com mais rapidez com o tempo de que dispõe. Além disso, se sentirá menos sobrecarregado e frustrado enquanto avança na sua lista de coisas a fazer.

No próximo capítulo, você aprenderá uma forma sistemática de desenvolver tolerância aos sentimentos negativos intensos. Com maior tolerância ao desconforto, suas respostas emocionais começam a operar como as respostas emocionais das outras pessoas. Você se sentirá menos ansioso, deprimido, culpado ou frustrado pelos acontecimentos na vida, e seu sistema emocional vai se recuperar mais rapidamente desses acontecimentos. É nesse momento que a vida se torna mais fácil.

7

Habilidades de exposição emocional

Talvez o motivo principal para que você esteja lendo este livro seja porque quer aprender habilidades para se sentir menos ansioso, deprimido ou culpado, e até aqui você aprendeu habilidades para fazer isso. As habilidades para regular a intensidade dessas emoções negativas são ótimas, mas elas nem sempre diminuem sua persistência ao longo do tempo. Você pode perguntar: de que adianta sentir-se menos ansioso ou deprimido se você continua a sentir este nível – embora mais baixo – o tempo todo? Esta é uma ótima questão, e as habilidades de exposição emocional ajudam nesse aspecto.

As habilidades de exposição emocional são um conjunto de estratégias comportamentais que desenvolvem sua tolerância às emoções negativas e, como resultado, diminuem a intensidade *e* a persistência desses sentimentos (Barlow, Allen, & Choate, 2016). As habilidades de exposição emocional são *habilidades internas* porque seu alvo são as características internas das emoções: pensamentos e sensações físicas.

POR QUE AS HABILIDADES DE EXPOSIÇÃO EMOCIONAL SÃO IMPORTANTES?

Por meio das habilidades de exposição emocional, você aprenderá que consegue tolerar emoções negativas, como ansiedade, tristeza, culpa ou vergonha. À medida que aprender que consegue tolerar as emoções negativas, você experimentará benefícios inesperados e até contraintuitivos (Tompkins, 2021), como:

- **Aprender que você consegue tolerar as emoções negativas atenua a sua intensidade com o tempo.** Embora enfrentar emoções negativas aumente a emoção a curto prazo, a intensidade dessas emoções diminui com o tempo. Isso é contraintuitivo, mas funciona.

- **Aprender que você consegue tolerar as emoções negativas atenua a sua persistência com o tempo.** Enfrentar repetidamente emoções negativas desenvolve um sistema emocional que retorna à linha de base com mais rapidez. Isso significa que as respostas emocionais negativas não persistem, mas atenuam em poucos minutos, como acontece com as respostas emocionais normais.
- **Aprender que você consegue tolerar as emoções negativas desenvolve confiança.** As emoções negativas fazem parte dos desafios da vida. Enfrentar repetidamente as emoções negativas aumenta a confiança de que você é capaz de lidar com as dificuldades da vida e com os sentimentos que as acompanham.

COMO FUNCIONA A EXPOSIÇÃO EMOCIONAL

Para entender como as habilidades de exposição emocional desenvolvem tolerância ao desconforto, considere como você faria para desenvolver sua tolerância a banhos frios. Provavelmente, tomaria esses banhos repetidamente, talvez estendendo a duração do banho com o tempo. Embora os banhos frios repetidos não aumentem a temperatura da água, isso também aumenta a sua confiança de que você é capaz de tolerar uma temperatura fria. Com maior confiança, você passará a temer menos os banhos frios. Com menos temor, você evitará menos os banhos frios. Mas a verdadeira recompensa – e isso é um pouco paradoxal – é que, à medida que você toma banhos frios repetidamente, sua experiência com eles também muda. Os banhos começam a parecer toleráveis, e certamente são percebidos de uma maneira bem diferente de como eram no início, quando pareciam intoleráveis. Esse paradoxo também funciona com as emoções negativas. Aproximar-se das emoções negativas, em vez de evitá-las, atenua a intensidade dessas emoções com o tempo.

Três habilidades de exposição emocional podem desenvolver tolerância ao desconforto:

- **Resistir aos impulsos à ação motivados pela emoção.** Estas são ações sutis que atenuam as emoções negativas quando você não consegue evitar uma situação ou sair dela. Por exemplo, você pode manter as mãos nos bolsos para evitar sentir-se ansioso porque alguém pode achar que você é esquisito ao ver suas mãos tremendo, ou se mantém isolado porque acha que não tem energia para falar com ninguém.
- **Aproximar-se e permanecer em situações que evocam sentimentos negativos.** Estas são exposições emocionais à situação. Você pode evitar os sentimentos negativos que surgem quando interage com determinados

objetos, participa em determinadas atividades ou se envolve em determinadas situações. Por exemplo, talvez você evite comparecer a uma festa porque está preocupado com o que as pessoas podem pensar sobre você, ou pode evitar comparecer a uma festa do trabalho porque se sente culpado por estar se divertindo quando ainda não terminou seu trabalho.

- **Aproximar-se e permanecer com os pensamentos e as imagens que evocam sentimentos negativos.** Estas são exposições aos pensamentos. Embora você ainda não esteja na festa, os pensamentos de que possa dizer algo estúpido fica pairando em sua mente. Então, você pode se distrair para evitar pensar sobre a festa, mas enquanto faz isso não pode pensar em outra coisa. Igualmente, se você está deprimido devido a um divórcio recente, pode relembrar o olhar no rosto da sua ex quando ela lhe disse que queria se separar. Essa imagem pode fazer você se sentir intensamente culpado e deprimido porque acha que a culpa é toda sua por sua ex ter lhe deixado.

Para se beneficiar plenamente das exposições emocionais, é essencial que você pratique exposição à mesma emoção repetidamente, até que seu desconforto diminua para 50% ou mais do máximo ou do pico do seu estresse. Reserve pelo menos 30 a 40 minutos por dia para praticar, e pratique pelo menos três ou quatro vezes por semana. Este é um compromisso e tanto, mas, com a prática consistente e adequada por várias semanas, sua vida se abrirá novamente à medida que você reverter os anos de evitação e fuga dos sentimentos negativos.

Prepare e planeje exposições emocionais

As exposições emocionais eficazes requerem planejamento, bem como preparação para aproximar-se de sentimentos negativos intensos que você provavelmente passou muitos anos evitando. Aqui está como planejar:

Instruções

1. Identifique impulsos, pensamentos e sensações físicas que fazem parte dos seus sentimentos negativos.
2. Conecte-se com os valores que vai usar para se motivar para enfrentar os sentimentos negativos.
3. ENFRENTE (em inglês, *FACE*) os sentimentos negativos para se beneficiar plenamente da exposição às emoções.
4. Construa um plano de ação orientado às emoções.
5. Construa um menu de exposição emocional.

Independentemente do tipo de exposição que você fizer, utilize a Folha de Atividade: Planejamento da Exposição Emocional para preparar e registrar a prática e, ainda mais importante, o que você aprendeu no processo. Fazer o monitoramento da sua prática de exposição emocional desta maneira aumenta sua disposição para experimentar práticas no futuro porque você aprende que é capaz de tolerar esses sentimentos intensos.

Habilidade: Identifique as características dos sentimentos negativos

As exposições emocionais podem ser difíceis, mas, com um pouco de preparação e planejamento, você poderá obter o máximo de cada uma. O primeiro passo é identificar os impulsos para ação, pensamentos, imagens, lembranças e sensações físicas que fazem parte de seus sentimentos negativos intensos.

Por exemplo, Miles, que se sente intensamente ansioso em situações sociais, identificou:

- *Impulsos para ação:* mãos nos bolsos; evito olhar para as pessoas; dou desculpas para ir embora cedo.
- *Pensamentos, imagens, lembranças:* pensamentos sobre dizer algo estúpido; imagem de pessoas perguntando sobre minhas mãos trêmulas; lembrança de quase ter um ataque de pânico no ano passado.
- *Sensações físicas:* mãos trêmulas; transpirando; ruborizado.

Julie, que está deprimida e com frequência também se sente intensamente culpada, identificou:

- *Impulsos para ação:* não falar com minhas amigas casadas; checar as mídias sociais para ver o que Bob está fazendo; ir para a cama.
- *Pensamentos, imagens, lembranças:* lembrança de Bob me dizendo que queria o divórcio; imagem de Bob saindo de casa pela última vez; pensamentos de que a culpa é minha por ele ter ido embora.
- *Sensações físicas:* sensação de peso; cansaço; dificuldade de concentração; chorosa.

Instruções

1. Reserve alguns minutos e pense nas duas últimas semanas. Quais impulsos para ação surgiram que você evitou?
2. Quais pensamentos, imagens ou lembranças ativaram emoções negativas intensas, como ansiedade, medo, tristeza, culpa ou vergonha?
3. Durante as próximas semanas, faça acréscimos à folha de atividade à medida que identificar novos impulsos, pensamentos ou sensações.

Folha de Atividade: Planejamento da Exposição Emocional	
Impulsos para ação	
Pensamentos, imagens, lembranças	
Sensações físicas	

Habilidade: Conecte-se com seus valores

É provável que não haja neste livro habilidade mais desafiadora do que a exposição emocional; portanto, é essencial que você se mantenha motivado enquanto enfrenta sentimentos desconfortáveis.

Instruções

1. Revise as declarações de ação comprometida com valores que você desenvolveu no Capítulo 1. Escreva as palavras para o valor, as ações e as declarações de ação na Folha de Atividade: Declarações de Ação Comprometida com Valores. Você as utilizará durante a prática de exposição emocional a seguir, ou escreva novas declarações de ação comprometida com valores e as inclua na folha de atividade.

2. Agora, antes de praticar uma das habilidades de exposição emocional, feche os olhos e repita várias vezes para si mesmo a declaração de ação comprometida com valores. Imagine-se realizando a ação. Depois disso, quando iniciar a ação, repita a declaração de ação comprometida com valores em voz baixa, como se estivesse falando consigo mesmo.

Folha de Atividade: Declarações de Ação Comprometida com Valores	
Palavra para o valor:	Relacionamentos
Ação comprometida com o valor:	Resolver conflitos.
Declaração de ação comprometida com o valor:	Para fortalecer e aprofundar meus relacionamentos, vou telefonar para Irma e pedir desculpas, embora eu receie que ela fique chateada comigo.
Palavra para o valor:	
Ação comprometida com o valor:	
Declaração de ação comprometida com o valor:	
Palavra para o valor:	
Ação comprometida com o valor:	
Declaração de ação comprometida com o valor:	

Habilidade: ENFRENTE (*FACE*) as emoções negativas

Para obter o máximo benefício das exposições emocionais, é importante que você pratique as exposições corretamente. Siga estes passos para ENFRENTAR (*FACE*) as emoções negativas.

Instruções

1. Enfrente (em inglês, *Face*) seu sentimento negativo. Ao longo dos anos, você caiu em um padrão ou hábito de se afastar dos sentimentos negativos. Aprender a enfrentar seus sentimentos negativos é essencial se você quiser desenvolver tolerância a eles.

2. Ancore (em inglês, *Anchor*) no momento presente. Ancorar no momento presente significa sentir o que está acontecendo agora. Desse modo, você aprende que não tem nada a temer por sentir seus sentimentos, e que você é capaz de lidar com eles à medida que vêm e vão. Revise as habilidades de meditação que você aprendeu no Capítulo 3. Antes de cada exposição emocional, passe alguns minutos em uma atitude de atenção plena para se preparar para os sentimentos que virão a seguir.

3. Verifique (em inglês, *Check*) ou resista às suas ações guiadas pela emoção. Resista às formas sutis que você evita, ameniza ou tenta controlar os sentimentos negativos. Durante a exposição a uma emoção, não faça orações ou afirmações, não se distraia nem visualize resultados positivos ou faça alguma coisa que o afaste do sentimento. Ações guiadas pela emoção só impedem que você aprenda que é capaz de tolerar sentimentos negativos desagradáveis.

4. Tolere (em inglês, *Endure*) os sentimentos negativos. É essencial que você tolere os sentimentos negativos até que eles diminuam por conta própria, sem tentar controlá-los de forma alguma. Se tiver dificuldade para tolerar seus sentimentos, desça na hierarquia para um item menos desafiador no menu de exposição às emoções (você aprenderá sobre o menu mais adiante neste capítulo) ou acrescente itens mais fáceis e comece por aí.

Habilidade: Resista e adie ações guiadas pela emoção

Uma ótima forma de desenvolver tolerância ao desconforto é resistir às ações guiadas pela emoção que você usa para fugir, diminuir ou controlar emoções negativas. Cada vez que utiliza uma ação guiada pela emoção, você reduz a confiança na sua tolerância à frustração que está trabalhando para construir.

Emoções normais e naturais vêm e vão, aumentam e diminuem. O processo inteiro geralmente leva cinco minutos ou menos. Portanto, quando algo ativa uma emoção negativa, o segredo é esperar que o sentimento passe. À medida que o sentimento negativo diminui, a intensidade do impulso para ação também diminui. Use a Folha de Registro de Adiamento da Ação Guiada pela Emoção para praticar esta habilidade.

Instruções

1. Liste as ações guiadas pela emoção às quais você planeja resistir.
2. Estabeleça um objetivo de adiamento (em minutos). Essa será a duração de tempo com a qual você se compromete a resistir ao impulso para ação. Estabeleça um tempo de adiamento que o deixe confiante (0 a 100%, em que 100% é completamente confiante) de que consegue cumprir. Tente um nível de confiança acima de 85%. Por exemplo, se você está 60% confiante de que pode adiar uma ação guiada pela emoção por 10 minutos, estabeleça um tempo mais curto até que esteja em um nível de confiança na faixa de 85 a 90%. Escreva esse tempo em *T1* e o nível de confiança em *NC*.
3. Escreva uma *declaração de ação comprometida com valores* para aumentar sua disposição para adiar. Por exemplo, se os relacionamentos são um valor importante e você pede repetidamente garantias ao seu parceiro, o que frequentemente provoca discussões, sua declaração de ação comprometida com valores poderia ser: "Para fortalecer e aprofundar meu casamento, resistirei a pedir garantias ao meu parceiro quando estiver ansiosa sobre minha saúde.".
4. Agora, repita a declaração de ação comprometida com valores para si mesmo enquanto resiste e ENFRENTA (*FACE*) o impulso para ação. Sinta-se à vontade para fazer alguma coisa enquanto espera que diminua a intensidade do impulso para ação. Não há problema em fazer outra coisa, desde que isso o ajude a resistir à ação guiada pela emoção.
5. Ao final do seu objetivo de adiamento, repita o processo. Pergunte-se por quanto tempo mais você pode adiar. Mais uma vez, escolha um objetivo de adiamento que o deixe confiante (mais de 85%) de que consegue

cumprir. Este é o T2. Escreva esse tempo e o nível de confiança (NC) na folha de registro.

6. Novamente, repita sua declaração de ação comprometida com valores e ENFRENTE (FACE) o impulso para ação, e então se envolva em uma atividade alternativa, desde que não a utilize para se sentir menos desconfortável.
7. Repita os passos 4 e 5 enquanto sentir o impulso para ação.

Folha de Registro de Adiamento da Ação Guiada pela Emoção											
Ação guiada pela emoção	Tempo de adiamento e nível de confiança										
	T1	NC	T2	NC	T3	NC	T4	NC	T5	NC

Descreva o que você observou enquanto resistia às ações guiadas pela emoção. Os sentimentos aumentaram e diminuíram? Você aprendeu alguma coisa sobre seus sentimentos negativos que o surpreendeu?

_____

_____

_____

_____

EXPOSIÇÃO EMOCIONAL A UMA SITUAÇÃO

Um menu de prática de exposição emocional fornece um roteiro para as práticas dessa exposição. Você terá um menu para cada tipo de exposição que praticar: situações, pensamentos e sensações físicas. Enquanto reflete sobre os possíveis itens do menu para exposições emocionais a situações, considere as seguintes variáveis que influenciam os sentimentos negativos:

- A *proximidade* de um objeto ou uma situação pode influenciar a intensidade dos seus sentimentos negativos. Para Lucas, que tinha medo de altura, a distância até um parapeito ou um mirante influenciava sua ansiedade. Lucas adicionou itens ao menu, como ficar a 3 metros, a 1,5 metro e a meio metro de distância de uma sacada.
- O *tempo* passado em uma situação ou perto de um objeto pode influenciar a intensidade dos seus sentimentos negativos. Miles, por exemplo, se preocupava que outras pessoas pudessem notar suas mãos trêmulas e achar que ele era esquisito e, portanto, as mantinha nos bolsos quando ficava perto das pessoas. Miles adicionou itens ao menu, como 10 minutos, cinco minutos e um minuto com as mãos fora dos bolsos quando interagia com pessoas.
- *Tamanho*, *grau* e *importância* também podem influenciar a intensidade de seus sentimentos negativos. Por exemplo, Miles ficava mais ansioso quando interagia com pessoas importantes, como seu chefe, ou com pessoas que não conhecia bem.

Habilidade: Construa um menu de prática de exposição emocional a uma situação

Para construir um menu de exposição emocional a uma situação, use o Planejador do Menu de Exposição Emocional.

Instruções

1. **Selecione situações para prática.** Pense em situações que ativam sentimentos negativos. Descreva cada situação do modo mais específico e detalhado possível. Considere situações que você evita ou situações que ativam ações guiadas pela emoção, como verificação, distração ou busca de tranquilização dos outros. Adicione alguns itens exagerados, como o fato de Miles intencionalmente sacudir um pouco as mãos quando fala com as pessoas.

2. **Identifique ações guiadas pela emoção.** Identifique as ações típicas guiadas pela emoção que você usa para evitar ou controlar a intensidade de seus sentimentos negativos. Escreva-as na coluna *Ações guiadas pela emoção*.

3. **Identifique ações alternativas.** Para aproveitar ao máximo cada prática de exposição emocional, é essencial que você resista a realizar qualquer ação guiada pela emoção durante uma exposição emocional. Na coluna *Ações alternativas*, adicione as ações alternativas que praticará durante a exposição emocional. Por exemplo, quando Emily sobe escadas rolantes, ela fecha os olhos e se afasta do corrimão. Emily transformou essas ações guiadas pela emoção em ações alternativas, como manter os olhos abertos e afastar-se só um pouco do corrimão.

4. **Classifique as situações para prática.** Classifique as situações em uma escala de 0 a 100 com base na intensidade da emoção que você prevê que sentirá caso se envolva completamente na situação ou na atividade sem realizar nenhuma ação guiada pela emoção. Se duas situações para prática parecerem igualmente difíceis, pergunte-se qual delas você faria primeiro. Provavelmente você escolherá uma que seja um pouco mais fácil. Coloque-a abaixo da outra em seu menu de prática. Classifique cada situação de 0 a 100 e escreva esses números na coluna *Classificação*.

Planejador do Menu de Exposição Emocional			
Classificação	Situação para prática	Ações guiadas pela emoção	Ações alternativas
70	Subir escadas rolantes.	Fechar os olhos ou olhar para outro lado. Afastar-se do corrimão.	Manter os olhos abertos. Afastar-se só um pouco do corrimão.

Habilidade: Pratique exposição emocional a uma situação

Agora que você já criou seu menu de exposição emocional, está na hora de praticar a primeira exposição. Antes disso, examine a folha de atividade de exemplo e depois preencha a primeira metade da Folha de Registro da Prática de Exposição Emocional. Lembre-se de que o objetivo da exposição emocional é que você aprenda algo que talvez não acredite no seu íntimo: que você é capaz de tolerar as emoções negativas que surgem enquanto enfrenta os sentimentos no momento presente. Para ajudar com esta nova aprendizagem, é importante identificar o que você aprendeu em exposições anteriores e o que você pensa, sobretudo o que espera que aconteça e o que quer se lembrar durante a próxima exposição.

Instruções

1. Selecione uma situação do menu de prática. Você pode iniciar com qualquer item que desejar, desde que esteja confiante (acima de 85%) de que consegue resistir a qualquer impulso para ação que surgir. Engajar-se em um impulso para ação durante uma exposição emocional dilui o benefício da exposição e seu trabalho árduo.

2. Revise as ações guiadas pela emoção às quais resistirá nessa exposição e as ações alternativas que realizará. Lembre-se: se você estiver realizando ações alternativas, é menos provável que realize ações guiadas pela emoção. Além disso, realizar ações alternativas também dá um impulso às exposições que você realiza.

3. Se ainda não escreveu uma *declaração de ação comprometida com valores* para esta prática emocional, escreva uma agora e a repita para si mesmo algumas vezes. Por exemplo, se o desempenho profissional é um valor importante para você e seu temor de ter um ataque de pânico no metrô o impede de chegar ao trabalho, sua declaração de ação comprometida com valores poderia ser: "Para atingir meus objetivos profissionais e ser tão bem-sucedido quanto sei que posso ser, enfrentarei meu medo e pegarei o metrô".

4. Agora repita a declaração de ação comprometida com valores para si mesmo enquanto ENFRENTA (*FACE*) seu sentimento negativo. Depois de ancorado em sua respiração, abra sua atenção para incluir o sentimento negativo. Pode ser que você se sinta um pouco ansioso enquanto antecipa sua aproximação de sentimentos que provavelmente evitou por muitos meses, talvez anos. Isso é natural e faz parte do processo de construção da tolerância ao desconforto. Observe seus sentimentos negativos sem julgá-los ou analisá-los. Permaneça com os sentimentos e observe-os no

momento. Aceite-os e lembre-se de que eles vêm e vão. Não se esqueça de praticar as ações alternativas e resista às ações guiadas pela emoção.

5. Repita o passo 4 até que seu desconforto diminua para 50% ou menos do máximo ou do pico do seu estresse. É essencial que você repita as exposições emocionais por um período, se possível, para sentir os benefícios. Por exemplo, ande de metrô seis vezes (ou mais), uma viagem atrás da outra.

6. Ao final de cada exposição emocional à situação, preencha a metade inferior da folha de registro. É essencial que dedique algum tempo para refletir sobre o que aprendeu com cada exposição emocional que realizar. Não se esqueça de descrever o que aprendeu que foi útil. Aconteceu o que você esperava que acontecesse? Por exemplo, se sua expectativa era de que não se divertiria nada durante o almoço com os amigos, isso aconteceu ou não? E, mais importante, você conseguiu tolerar o sentimento negativo?

Folha de Registro da Prática de Exposição Emocional
Tarefa de exposição emocional: Passear com meu cão Boomer por 10 minutos pela manhã e sorrir para todos por quem passar.
Aprendizagem prévia a ser lembrada nesta prática
Na última vez que fiz esta exposição, vi cerca de sete pessoas com seus cães. Todas as pessoas para quem sorri me retribuíram, e diversas mulheres pararam para conversar comigo. Eu me senti muito melhor no final da caminhada. Geralmente levar Boomer para passear é um fardo, mas, da última vez, gostei mais, sobretudo de conversar com as mulheres que encontrei.
Antes da prática de exposição emocional

Classifique o nível de desconforto antecipatório (0-10):	4
Classifique a confiança de que você consegue tolerar o desconforto durante a exposição (0-100%):	70%

Qual é sua expectativa? Não terei energia para falar com as pessoas que quiserem falar comigo. Estou muito mais cansada do que da última vez que fiz isso.
Quais sensações físicas você está tendo? Alguma dificuldade de concentração, pesada, cansada e um pouco tensa.
Quais impulsos para ação você está sentindo e a quais ações guiadas pela emoção vai resistir? Estou pensando em não sair esta manhã. Sei que evitar é meu *modus operandi*, então tenho que ir, mas estou pensando em desculpas para dizer ao meu terapeuta por que fugi.
Depois da prática de exposição emocional

Duração da prática:	15 min.
Nível máximo de desconforto durante a prática (0-10):	5
Nível de desconforto no final da prática (0-10):	2
Reclassifique a confiança de que você consegue tolerar o desconforto durante a exposição (0-100%):	80%

O que você aprendeu?
Aprendi mais uma vez que posso lidar com os sentimentos de culpa quando faço algo bom ou divertido para mim mesma. Também aprendi que mesmo que tenha problemas de concentração ou se me sinto cansada, ainda assim posso levar Boomer para passear. E depois que sorrio para alguém e falo com essa pessoa, rapidamente começo a me sentir muito melhor. Acho que o ponto principal é tolerar a culpa que sinto para que possa cuidar de mim. Está tudo bem. O simples fato de eu ter um pouco de diversão não me torna uma mãe ruim.

Folha de Registro da Prática de Exposição Emocional	
Tarefa de exposição emocional:	
Aprendizagem prévia a ser lembrada nesta prática	
Antes da prática de exposição emocional	
Classifique o nível de desconforto antecipatório (0-10):	
Classifique a confiança de que você consegue tolerar o desconforto durante a exposição (0-100%):	
Qual é sua expectativa?	
Quais sensações físicas você está tendo?	
Quais impulsos para ação você está sentindo e a quais ações guiadas pela emoção vai resistir?	
Depois da prática de exposição emocional	
Duração da prática:	
Nível máximo de desconforto durante a prática (0-10):	
Nível de desconforto no final da prática (0-10):	
Reclassifique a confiança de que você consegue tolerar o desconforto durante a exposição (0-100%):	
O que você aprendeu?	

EXPOSIÇÃO EMOCIONAL AOS PENSAMENTOS

Exposição emocional aos pensamentos é o processo de voltar-se para os pensamentos, as lembranças e as imagens que alimentam seus sentimentos negativos em vez de afastar-se deles. Por meio do processo de exposição emocional, essas cognições negativas se tornam menos frequentes, menos intensas e menos importantes. Você utilizará a mesma abordagem e as estratégias que aprendeu para as exposições emocionais às situações, incluindo a construção de um menu para a prática.

Habilidade: Construa um menu para a prática de exposição emocional aos pensamentos

Para criar um menu de exposição aos pensamentos, você usará o Planejador do Menu de Exposição Emocional que já preencheu.

Instruções

1. Crie um cenário para cada item do menu. Tente incluir o máximo possível de detalhes nos cenários e como se estivesse acontecendo com você agora.

2. Descreva o cenário na primeira pessoa e inclua o máximo possível de pensamentos e sentimentos. Inclua também as sensações físicas desagradáveis que surgirem e os impulsos que você tem de evitá-los.

Por exemplo, Lucas, que tem medo de altura, desenvolveu vários itens para o menu em que ele se imaginava parado à beira do degrau de uma escada rolante, olhando para o patamar abaixo. Em um item do menu, ele imaginou que sentia tonturas e vertigem enquanto se esforçava para manter o equilíbrio na escada. Ele imaginou que seu corpo estava tremendo e que seus joelhos tremiam quando se inclinava para a frente, sentindo como se estivesse prestes a cair escada abaixo. Ele criou um menu ainda mais assustador em que se imaginou de fato caindo pela escada, vencido pela tontura, incapaz de controlar seu corpo, tombando para a frente e desabando pelos degraus, um após o outro, sem conseguir parar. Lucas criou um menu com seis cenas separadas – cada cena sendo um item do menu – desde a menos assustadora até a mais assustadora. As cenas com menos estresse incluíam andar na escada rolante enquanto sentia vertigens ou dirigir em certos trechos da estrada esperando que as tonturas aparecessem. Este é um dos cenários que Lucas descreveu:

Estou na plataforma da escada rolante em funcionamento. Estou dando o primeiro passo quando a vertigem me ataca. Então me seguro no corrimão, mas parece que não consigo encontrá-lo porque estou muito tonto. Minhas pernas e minhas mãos estão tremendo. Tento me inclinar para trás, mas a tontura toma conta de mim e não consigo controlar meu corpo. Sinto que estou começando a me inclinar para a frente. Tento desesperadamente me inclinar para longe do degrau, mas estou tão confuso que me inclino para a frente. Começo a sentir que estou caindo. Estou tentando parar, mas não consigo. Sinto-me completamente fora do controle enquanto lentamente me inclino para a frente. Estou em câmera lenta enquanto me observo caindo. Estendo minhas mãos para me proteger, mas o medo me paralisa. Não consigo mexer os braços. Lentamente começo a tombar como uma árvore, caindo lentamente para a frente escada abaixo.

Julie desenvolveu diversos cenários para o menu. No cenário mais fácil, ela estava sentada na sala de estar enquanto seus filhos estavam na escola. Descreveu os sentimentos intensos de solidão e culpa, bem como pensamentos de que havia arruinado a vida dos filhos por causa do divórcio. Ela descreveu um cenário moderadamente intenso em que estava em uma festa, se divertindo, mas sentindo-se intensamente culpada porque não merecia estar feliz devido ao que havia feito para causar o divórcio. No cenário mais intensamente desconfortável, Julie imaginou seu ex-marido lhe dizendo que queria o divórcio porque ela tinha sido má esposa e mãe. Julie descreveu que se sentiu "esmurrada no estômago" e intensamente culpada e deprimida enquanto via o olhar de desgosto no rosto do ex-marido e como ele balançou a cabeça e foi embora. Ela descreveu dificuldades para se concentrar e um peso extremo em seu corpo naquele momento. Este é um dos cenários que Julie descreveu:

Estou com Cindy na sala de estar. Estamos fazendo um álbum de recortes e nos divertindo muito. Eu não me divertia assim há muitos meses. Estou sorrindo e dando boas risadas. Então começo a pensar em meus filhos. Penso que só uma mãe horrível optaria por se divertir quando seus filhos foram tão profundamente afetados pelo divórcio. Estou me sentindo intensamente culpada. Fico pensando que arruinei suas vidas e que é tudo culpa minha. Sei que se eu tivesse sido uma esposa melhor, meu marido não teria me deixado. É muito egoísta da minha parte me divertir com Cindy enquanto meus filhos estão sofrendo. Sou uma mãe horrível, uma pessoa horrível e mereço todas as coisas ruins que aconteceram comigo.

Habilidade: Pratique exposição emocional aos pensamentos

Agora que você criou um menu em que cada um dos cenários que você descreveu é um item no menu, está na hora de praticar exposições emocionais aos pensamentos. Para praticar essas exposições, consulte seu Planejador do Menu de Exposição Emocional preenchido e preencha a Folha de Registro da Prática de Exposição Emocional.

Instruções

1. Selecione um cenário que você completou anteriormente. Você pode começar com qualquer item do menu que desejar, desde que esteja confiante (85% ou mais) de que consegue resistir a qualquer impulso para ação que possa surgir.

2. Registre o cenário no seu telefone ou no seu computador. Você também pode lê-lo repetidamente, se isso funcionar melhor para você.

3. Revise as ações guiadas pelas emoções às quais você resistirá nessa exposição e as ações alternativas que realizará. Fique atento aos impulsos para ação, tais como tranquilizar-se, analisar suas experiências ou verificar como está se sentindo. Se descobrir que está fazendo algo assim, a ação alternativa é redirecionar sua atenção para os sentimentos negativos e os pensamentos ou imagens que estão evocando esses sentimentos.

4. Se você ainda não escreveu uma *declaração de ação comprometida com valores* para esta prática com a emoção, escreva uma agora e a repita para si mesmo algumas vezes. Por exemplo, se família for um valor importante para você e sua culpa sobre o divórcio estiver impedindo que você faça atividades com seus amigos, sua declaração de ação comprometida com valores poderia ser: "Para ser a mãe e a amiga que eu quero ser, enfrentarei a culpa e a tristeza que sinto sobre o divórcio". Repita a declaração de ação comprometida com valores várias vezes para se motivar para o que está por vir.

5. Encontre um local para praticar onde não será interrompido ou distraído. Feche os olhos e escute a gravação. Enquanto escuta, imagine que o cenário da gravação está acontecendo agora. ENFRENTE (*FACE*) os sentimentos que surgirem da maneira como aprendeu e resista a qualquer impulso de se distrair da experiência que a imaginação está ativando. Uma vez ancorada sua respiração, abra sua atenção para incluir o sentimento negativo. Observe seus sentimentos negativos sem julgá-los ou analisá-los. Permaneça com os sentimentos e observe-os no momento.

6. Repita o passo 5 até que seu desconforto diminua para 50% ou menos do máximo ou do pico do seu estresse. É essencial que você repita as exposições emocionais ao pensamento dentro de um período, se possível, para experimentar os benefícios. Por exemplo, escute a gravação 10 vezes e então faça uma pausa de dois minutos e ouça mais 10 vezes, e assim por diante.

7. Ao final de cada sessão de prática de exposição emocional aos pensamentos, complete a metade inferior da folha de registro. É essencial que você reserve algum tempo para refletir sobre o que aprendeu com cada exposição emocional que completar. Não se esqueça de descrever o que você aprendeu que foi útil. Aconteceu o que você esperava? E, mais importante, você conseguiu tolerar os sentimentos negativos?

RESUMO

A exposição emocional desenvolve tolerância ao desconforto e, com maior tolerância – este é o paradoxo –, a intensidade e a persistência das suas reações emocionais tornam-se cada vez mais razoáveis e flexíveis. Suas emoções se intensificam e atenuam em poucos minutos, em vez de persistirem por horas ou dias. Então suas reações emocionais se tornarão mais estáveis e previsíveis.

No próximo capítulo, você aprenderá habilidades para aumentar a felicidade e o bem-estar. As habilidades da terapia cognitivo-comportamental (TCC) que você aprendeu até aqui focaram na redução do seu estresse e na melhora da sua eficácia na vida. Essas habilidades são excelentes, mas a vida é mais do que apenas sentir-se menos ansioso, deprimido ou frustrado. Também há a construção de uma vida que valha a pena viver. As habilidades de bem-estar emocional podem ajudá-lo com isso.

8

Habilidades de bem-estar emocional

As habilidades da terapia cognitivo-comportamental (TCC) que você aprendeu até agora são preponderantemente focadas na atenuação de emoções *negativas* intensas, como ansiedade, depressão, raiva ou culpa e as ações problemáticas que geralmente as acompanham. No entanto, a vida é mais do que apenas sentir-se menos ansioso, com menos raiva ou menos deprimido. Existem as emoções positivas, que promovem seu bem-estar emocional e dão alegria à sua vida.

As habilidades de bem-estar emocional são um conjunto de estratégias originárias do campo da psicologia positiva (Seligman, Rashid, & Parks, 2006). Essas habilidades são *habilidades internas* porque seu foco está voltado para os pensamentos e os sentimentos positivos e as forças internas que promovem um funcionamento ideal na vida (Keyes, Fredrickson, & Park, 2012; Parks & Schueller, 2014). As habilidades de bem-estar emocional complementam as outras habilidades da TCC que você aprendeu neste livro. São muitas as habilidades de bem-estar emocional. Neste capítulo, você aprenderá diversas delas que são fáceis de praticar e aplicar.

POR QUE AS HABILIDADES DE BEM-ESTAR EMOCIONAL SÃO IMPORTANTES?

Os pesquisadores da psicologia positiva identificaram inúmeros benefícios das habilidades de bem-estar emocional (Lyubomirsky, King, & Diener, 2005):

- Uma mudança relativamente pequena na perspectiva pode levar a mudanças surpreendentes no bem-estar e na qualidade de vida. Por exemplo, focar no que você tem e não no que deseja pode aumentar sua felicidade.

- O aumento na felicidade e no bem-estar modera os efeitos de emoções negativas, como ansiedade, depressão ou culpa. Isso se traduz em maior resiliência diante dos inevitáveis obstáculos da vida.

- Felicidade e bem-estar aumentam suas chances de sucesso porque possibilitam que você persista, e persistência é o segredo para o sucesso pessoal e profissional.

Habilidade: Mantenha um diário de gratidão

Gratidão é uma atitude que o encoraja a valorizar o que você tem, e não o que não tem. É uma atitude que o incentiva a valorizar o que você tem *agora* em vez de procurar algo que espera que o fará mais feliz *amanhã*. É uma atitude que desafia a crença de que você não pode se sentir satisfeito até que tenha todas as necessidades atendidas: um carro novo, uma experiência nova ou um novo relacionamento.

Talvez a maneira mais simples de dedicar um tempo à gratidão seja manter um diário de gratidão. Manter esse tipo de diário o incentiva a prestar atenção às coisas boas da vida que de outra forma você tomaria como certas. É fácil ficar anestesiado com as fontes regulares de bondade na vida, e isso o deixa suscetível a mais ansiedade e depressão. Escrever seus pensamentos tem muito mais impacto emocional do que apenas pensar sobre as coisas pelas quais você é grato. A escrita de um diário o coloca em contato com sua experiência e cria maior significado sobre a vida e seu lugar nela. Siga estas dicas para tirar o máximo proveito do seu diário de gratidão:

- **Comprometa-se a sentir-se mais grato e feliz.** Seu desejo de experienciar mais felicidade e bem-estar ao dedicar um tempo à gratidão é um elemento-chave. Como a maioria das atividades, sua motivação para fazer e beneficiar-se com isso faz uma grande diferença no sucesso do seu diário de gratidão.
- **Procure profundidade em vez de abrangência.** Elabore em detalhes cada entrada no diário. A profundidade da resposta é mais benéfica. Por exemplo, em vez de colocar na lista o item "Glen me ligou hoje de manhã", tente "Glen dedicou um tempo para me ligar. Ele é ocupado e não parecia apressado durante a ligação. Ele disse algumas coisas gentis sobre mim e sobre como estou me saindo. Tenho muita sorte de ter Glen na minha vida.".
- **Foque-se mais nas pessoas do que nas coisas.** Embora você possa ter na sua vida coisas pelas quais se sente grato, a gratidão pelas pessoas na sua vida (amigos, filhos, cônjuge, familiares) é o que tem mais influência em sua vida. Todos os dias, inclua em seu diário uma das pessoas pelas quais se sente grato por ter em sua vida.

- **Inclua as surpresas.** Registre acontecimentos que você não esperava, como o telefonema de um amigo ou o botão de rosa que acabou de florescer. Surpresas provocam admiração e sentimentos mais fortes de gratidão.
- **Não faça disso um trabalho.** Escrever uma ou duas vezes por semana é mais útil do que fazê-lo todos os dias, talvez porque a escrita rígida e excessiva de um diário torna-se uma tarefa rotineira. Em vez disso, experimente algumas vezes por semana. Não importa em que hora do dia você faz isso, contanto que faça.

Após algumas semanas de registros em seu diário de gratidão, faça uma análise. Descreva como se sentiu. Você se sentiu um pouco mais leve ou menos ansioso? Você sorriu quando registrou alguma coisa em seu diário? Você se lembrou de gentilezas semelhantes de outras pessoas? Isso fez com que você quisesse expressar seu apreço pelos outros? Não só por amigos e familiares mas também em relação a estranhos na rua?

_____

_____

_____

_____

_____

_____

Habilidade: Envie mensagens de agradecimento

Relações positivas são um dos melhores preditores de felicidade e bem-estar. Valorizar as pessoas em sua vida alimenta essas relações, e relações positivas fortes são fonte primária de felicidade. É provável que você tenha em sua vida pessoas que estima e aprecia, mas nem sempre você se dá ao trabalho de expressar suas razões. Além disso, você deve ter pessoas do seu passado que afetaram sua vida de modo positivo, embora elas nem façam ideia.

Nesta habilidade, você utilizará a Folha de Atividade: Envie Mensagens de Agradecimento para identificar uma pessoa a quem você seja grato e dizer, em uma mensagem de agradecimento, como ela impactou sua vida. Enquanto escreve a mensagem, abra-se para os sentimentos de apreço e felicidade. Talvez seus olhos se encham de lágrimas enquanto você se conecta com uma gentileza especial que a pessoa lhe fez.

Instruções

1. Pense em pessoas que tiveram impacto positivo em sua vida ou que fizeram algo generoso ou especial para você. Pode ser seu pai, sua mãe, um amigo, professor, parceiro ou qualquer outra pessoa. Procure identificar alguém que você possa visitar. Na folha de atividade, escreva seus nomes e depois liste as boas ações ou as qualidades especiais que trouxeram alegria e significado para a sua vida.

2. Escreva uma mensagem de agradecimento para essa pessoa, dizendo o quanto ela afetou sua vida para melhor. Conte como ela o ajudou ou por que você é grato a ela.

3. Se possível, entregue a mensagem pessoalmente. Leia a mensagem para ela e depois deixe que a conversa avance de forma natural. Deixe que essa pessoa guarde a mensagem consigo como um presente. Se não for possível encontrarem-se pessoalmente, ligue para a pessoa e leia a mensagem por telefone e depois a envie para que ela possa ter consigo.

Folha de Atividade: Envie Mensagens de Agradecimento	
Nome da pessoa	Boas ações e qualidades especiais

Descreva como você se sentiu quando escreveu as várias mensagens de agradecimento. Você experimentou os sentimentos de apreço novamente? Quando escreveu a mensagem, você se lembrou de outra pessoa especial a quem gostaria de agradecer?

Habilidade: Envie mensagens mentais de agradecimento

Mesmo que não envie mensagens reais de agradecimento, você pode enviar mensagens mentais ao longo do dia. Quando passar por alguém na rua, sorria e depois lhe agradeça de maneira silenciosa por ter trazido algo significativo ou divertido para a sua vida, como: "Obrigado por estar usando essa linda echarpe. Ela iluminou meu dia.". Quando vir o carteiro do outro lado da rua, acene e então envie um agradecimento mental, como: "Obrigado por entregar os cartões e as cartas que me conectam com meus amigos e meus familiares". Mantenha os olhos bem abertos ao longo do dia para identificar motivos para agradecer. Faça um esforço consciente para notar quando as pessoas fazem coisas boas, seja para você ou para outras pessoas. Em sua mente, agradeça à pessoa pela sua boa ação, por exemplo: "Obrigado por parar para que eu possa atravessar a rua em segurança".

Igualmente, pense nos amigos, nos colegas de trabalho e nos familiares a quem você gostaria de enviar mensagens mentais de agradecimento. Todos os dias, reserve cinco minutos, feche os olhos e lhes envie mensagens mentais de agradecimento. Acolha os bons sentimentos resultantes da apreciação das pessoas em sua vida que o estimam e o apreciam.

Habilidade: Saboreie uma lembrança

Saborear significa ter consciência do prazer e prestar atenção de modo intencional à experiência de prazer (Bryant & Veroff, 2007). Saborear o encoraja a experimentar cada aspecto do prazer: físico, sensorial, emocional e social (Bryant, Smart, & King, 2005). Você pode saborear o prazer do aroma e o sabor de um biscoito com gotas de chocolate, o prazer de um banho quente em uma manhã fria ou o prazer de um pôr do sol.

Também é possível saborear lembranças, sobretudo aquelas em que se sente feliz, confortável ou exitoso. Por exemplo, você pode se sentir entusiasmado e feliz ao lembrar de quando você e seu time venceram o jogo de futebol ou ao lembrar como se sente aconchegado e seguro debaixo dos cobertores à noite. Saborear uma lembrança funciona melhor quando você tenta recordar tudo a respeito: onde você estava e quando isso aconteceu, com quem você estava e o que estava sentindo e pensando.

Instruções

Para saborear uma lembrança, use a Folha de Atividade: Saboreie uma Lembrança.

Folha de Atividade: Saboreie uma Lembrança
Liste três bons momentos que você teve recentemente (p. ex., atividades favoritas, lugares favoritos que visitou, bons momentos que compartilhou com os amigos ou a família, sucessos em sua vida):
Agora escolha um dos bons momentos da lista acima e retrate-o em sua mente. Depois escreva os elementos da história nos espaços a seguir:

Descreva onde você estava e o que estava acontecendo. O que você ouviu, cheirou, viu?	
Descreva os sentimentos bons que sentiu (p. ex., feliz, orgulhoso, satisfeito, alegre, amado).	
Descreva os pensamentos que passaram pela sua mente quando estava experimentando os bons sentimentos.	
Descreva seu papel para que este momento bom acontecesse. Você o preparou ou ajudou?	
Imagine que este bom momento leva a mais momentos bons e a bons sentimentos.	

Agora que já criou uma história sobre seu bom momento e bons sentimentos, leia mais uma vez. Por fim, feche os olhos e saboreie seu bom momento repetindo a história em sua mente.

Classifique a intensidade da imagem e do bom sentimento na escala a seguir
(1 = intensidade mais baixa e 5 = intensidade mais alta):

Intensidade da imagem	1	2	3	4	5
Intensidade do bom sentimento	1	2	3	4	5

Pratique saborear os momentos com atenção plena várias vezes durante o dia, por exemplo, quando acorda pela manhã, durante o almoço e antes de dormir. Se quiser, escreva outras histórias de boas lembranças e deixe-as por perto para quando uma história ficar um tanto desgastada.

Habilidade: Medite sobre gratidão

Outra forma de dedicar um tempo à gratidão é fazer uma meditação da gratidão e ouvi-la todos os dias. Gratidão acontece no momento presente, e meditação, como você aprendeu, envolve focar no momento presente sem julgamento. Embora muitas vezes as pessoas foquem em uma palavra ou uma frase (como "paz"), também é possível focar naquilo pelo que você é grato (o sorriso do seu filho, uma canção favorita, o abraço de uma pessoa amada).

Instruções

1. Encontre um local seguro e tranquilo onde provavelmente ninguém o perturbará. Sente-se ou deite-se em um lugar confortável.
2. Certifique-se de estar suficientemente aquecido. Afrouxe qualquer roupa apertada para que possa respirar de modo confortável.
3. Você poderá ler em voz alta o roteiro a seguir e gravá-lo para que possa reproduzir a gravação enquanto medita sobre gratidão. Tente fazer uma gravação que tenha cerca de 10 minutos de duração. Este é um exemplo de um roteiro de meditação da gratidão, mas sinta-se à vontade para redigir o seu, se preferir:

Feche os olhos e respire fundo e lentamente para trazer-se para o momento presente e começar o processo de sentir-se mais em paz e centrado. Respire até o abdômen, para que ele se expanda quando você inspirar e fique menor quando expirar.

Pare por um minuto ou dois para fazer um body scan *mental procurando áreas em que haja rigidez, tensão ou dor. Inspire sua respiração quente e cheia de oxigênio para dentro dessa área. Quando expirar, libere a tensão.*

Observe qualquer ansiedade, tristeza ou outros sentimentos, como irritação, ciúme ou culpa. Apenas respire essas emoções, notando-as e permitindo que elas fluam saindo lentamente enquanto expira [pausa por 30 segundos].

Agora, com o corpo calmo e a mente clara, concentre-se nos acontecimentos, nas experiências, nas pessoas, nos animais de estimação ou nos bens pelos quais se sente grato [pausa por 15 segundos]. *Lembre-se destas dádivas especiais:*

- *A dádiva da vida, o bem mais precioso. Alguém lhe deu à luz. Alguém o alimentou quando era bebê, trocou suas fraldas, o vestiu, o banhou, o ensinou a falar e a entender.*
- *A dádiva da audição, para que você possa ouvir e aprender, seja o cantar de um pássaro, as notas de uma orquestra, as vozes de familiares e amigos, o som da sua própria respiração fluindo, inspirando e expirando.*
- *A dádiva do batimento cardíaco: estável, regular, momento a momento, bombeando o sangue fresco e vital para todos os seus órgãos.*

[Pausa por 30 segundos.]

Agora pense sobre todas as coisas que temos hoje que tornam sua vida mais fácil e mais confortável do que era para seus bisavós:

- *Você aciona um interruptor e a luz aparece.*
- *Você abre uma torneira e flui água limpa e potável.*
- *Você liga o ar-condicionado e o ambiente fica mais quente ou mais frio.*
- *Você tem um teto para mantê-lo seco quando chove, paredes para impedir a entrada do vento frio, janelas para deixar a luz entrar, telas para impedir a entrada de insetos.*
- *Você entra em um veículo e ele o leva até onde você quer.*
- *Você tem acesso a máquinas que lavam suas roupas. E você tem roupas para vestir e lugar para guardá-las.*
- *Há máquinas que armazenam sua comida na temperatura correta e que o ajudam a cozinhá-la.*
- *Você tem encanamentos internos.*
- *Você tem bibliotecas públicas com milhares de livros gratuitos para serem emprestados e lidos por qualquer pessoa.*
- *Você tem escolas públicas em que aprendeu a ler e a escrever, habilidades que estavam ao alcance de poucos há apenas algumas centenas de anos.*

[Pausa por 30 segundos.]

Agora, pare um momento para refletir sobre todas as milhares de pessoas que trabalharam duro, muitas sem nem mesmo conhecê-lo, para tornar sua vida mais fácil e mais agradável:

- *Pessoas que plantam, cultivam e colhem seu alimento.*
- *Pessoas que transportam esse alimento até o mercado.*
- *Pessoas que fazem manutenção de estradas e ferrovias para transportar os alimentos.*
- *Pessoas que mantêm, dirigem, carregam e descarregam esses veículos de transporte.*
- *Pessoas que planejaram o armazenamento, as prateleiras, as embalagens que mantêm os alimentos seguros e permitem que você encontre o que deseja.*
- *Trabalhadores do serviço postal que selecionam a correspondência. E outros que a entregam.*
- *Pessoas que mantêm os servidores para que você possa receber e enviar e-mails e ter acesso à internet.*
- *Pessoas que coletam, separam e descartam o lixo e fazem a reciclagem para manter seu lar e a comunidade limpos e seguros.*
- *Pessoas que reúnem notícias e tiram fotos para mantê-lo informado e entretido.*
- *Pessoas que praticam esportes ou criam arte ou música que o entretém e o enriquece.*

[Pausa por 30 segundos.]

Agora, considere as pessoas e os animais de estimação que enriquecem a sua vida. Aqueles que sorriem para você e torcem por você. Sua família, seus amigos, seus conhecidos, seus colegas e seus pares. Seus ancestrais que trabalharam para que você pudesse viver bem. Aqueles amigos que o apoiam quando você precisa de um ombro para chorar ou de uma mão amiga [pausa por 30 segundos].

Agora, reserve um momento para refletir sobre seus motivos para sentir-se grato neste momento. Há tanto por que agradecer neste momento. A gratidão preenche seu coração e sua mente, elevando seu espírito [pausa por 30 segundos].

Quando terminar a meditação, mantenha-se em silêncio por vários minutos. Observe as sensações por todo o seu corpo. Observe suas emoções e seus pensamentos no momento comparados com antes de meditar. Não julgue, apenas observe. Depois disso, alongue, de forma delicada, suas mãos e seus braços, seus pés e suas pernas. Se preferir, levante-se e faça isso lentamente.

Descreva como se sentiu quando leu, gravou e depois escutou a meditação da gratidão. Você experimentou sentimentos de felicidade ou paz, uma sensação de bem-estar? Você se sentiu menos preocupado e estressado? Você sentiu um pouco mais de esperança sobre seu futuro e um pouco menos deprimido?

Habilidade: Cultive a bondade

Pequenos atos de bondade em relação a outras pessoas ajudam não só a elas mas também a você. Realizar pequenos atos de bondade aumenta sua felicidade e sua conexão com os outros. Os atos de bondade podem incluir atividades altruístas como voluntariado, cuidar de um amigo ou colega de trabalho durante momentos difíceis ou estender a mão a um estranho necessitado.

Atos menores de bondade também podem aumentar sua felicidade e, como são pequenos, você pode realizá-los todos os dias. O segredo para pequenos atos de bondade é ir além do seu nível normal de bondade. Se você já segura portas abertas para as pessoas passarem, segurar mais uma porta provavelmente não vai aumentar tanto assim a sua felicidade.

Instruções

1. Examine a lista da Folha de Atividade: Pequenos Atos de Bondade. Circule aqueles que gostaria de tentar.
2. Observe outras pessoas e note seus pequenos atos de bondade, e os adicione à sua lista. Inicialmente, pode ser difícil identificar oportunidades para pequenos atos de bondade, mas, à medida que praticar e prestar atenção, você identificará outras oportunidades para cultivar bondade.
3. Estabeleça para si mesmo um objetivo de realizar um pequeno ato de bondade todos os dias durante uma semana. Trabalhe para praticar três atos de bondade todos os dias durante as próximas semanas.

Folha de Atividade: Pequenos Atos de Bondade		
Pagar uma xícara de café para um estranho.	Levar os sacos de lixo do vizinho para a rua para serem recolhidos.	Dar informações a alguém que parece perdido.
Apanhar o lixo na rua.	Dar carona para um amigo até o aeroporto.	Ajudar alguém a carregar as compras do mercado até o carro.
Deixar uma gorjeta maior do que o usual por algum serviço.	Escrever um elogio simpático na conta do jantar.	Oferecer-se para lavar o carro do seu vizinho quando lavar o seu.
Oferecer-se para fazer as fotocópias para um colega de trabalho.	Oferecer-se para levar o cachorro do seu amigo para passear.	Trazer um lanche para seus colegas de escritório.
Pagar o café para a pessoa atrás de você na fila.	Compartilhar seu guarda-chuva com um estranho em um dia chuvoso.	Dar passagem para alguém sair pela porta antes de você.
Dar flores do seu jardim para seus colegas de trabalho.	Remover as folhas da sarjeta na sua vizinhança.	Enviar material de artes para uma escola primária.

Descreva como se sentiu enquanto fazia o *brainstorm* para encontrar ideias de pequenos atos de bondade. Você experimentou sentimentos de bondade? Você teve bons sentimentos em relação a outras pessoas?

_____

_____

_____

_____

Habilidade: Desenvolva significado e propósito

Ter um senso de significado e propósito associados ao passado, ao presente e ao futuro pode melhorar o bem-estar. Você pode desenvolver um senso de significado e propósito por meio da escrita de uma história sobre sua vida.

Instruções

1. Escreva uma ou duas páginas sobre seu passado. Descreva como venceu desafios significativos usando seus pontos fortes. Reserve uma ou duas horas para escrever, espere alguns dias e depois volte e examine o que escreveu. Sinta-se à vontade para fazer revisões.
2. Em seguida, escreva uma ou duas páginas sobre quem você é atualmente. Descreva como seu *self* atual é diferente do seu *self* no passado. Inclua os aspectos em que você cresceu e os pontos fortes que desenvolveu.
3. Por fim, escreva uma ou duas páginas sobre como imagina seu *self* no futuro. Que tipo de pessoa você espera se tornar? Como seus pontos fortes vão se desenvolver? O que você gostaria de atingir? Depois disso, descreva como pode fazer para atingir esses objetivos.
4. Guarde sua história e examine-a regularmente. Atualize a história à medida que o tempo passa.

Habilidade: Imagine seu *self* ideal

Imaginar seu *self* ideal no futuro gera sentimentos de alegria e entusiasmo no presente pelo seu *self* no futuro. Esta habilidade também é um catalisador para a mudança. Imaginar seu *self* ideal no futuro pode motivá-lo a agir para atingir a vida que a pessoa deseja viver (Sheldon & Lyubomirsky, 2006).

Instruções

1. Encontre um local seguro e tranquilo onde provavelmente ninguém vai perturbá-lo. Sente-se ou deite-se em um lugar confortável.
2. Imagine-se no futuro, vivendo a vida que sonhou com todas as pessoas com quem quer compartilhá-la. Imagine que você alcançou tudo aquilo pelo que está lutando agora e está orgulhoso de suas realizações.
3. Mergulhe neste *self* imaginado. Abra-se para a felicidade e os sentimentos positivos que acha que sentirá no futuro.

Agora, considere as ações específicas que você pode adotar para atingir esse estágio de vida. Descreva essas ações.

_____

_____

_____

_____

_____

Habilidade: Elogie a si mesmo

Quem não sente orgulho e prazer quando é elogiado por alguém? Os elogios redirecionam nossa atenção para nossos aspectos positivos. Os elogios também nos incentivam a agir de forma positiva. Você pode sentir orgulho e contentamento quando elogia a si mesmo ativamente pelas qualidades que os outros admiram em você. Você usará a Folha de Atividade: Avaliação das Qualidades Positivas para praticar esta habilidade.

Instruções

1. Utilizando a folha de atividade, liste as qualidades positivas que você aprecia em si mesmo. Considere suas qualidades *físicas*, como a cor dos seus olhos ou seu sorriso. Considere qualidades do seu *temperamento*, como sua paciência ou bom-humor. Por fim, considere as qualidades *relacionais*, como sua constância como amigo ou bondade com pessoas estranhas. Se achar difícil identificar em si as qualidades que você admira, considere o que outras pessoas já lhe disseram que admiram em você.

2. Encontre um local seguro e tranquilo onde provavelmente ninguém o perturbará. Sente-se ou deite-se em um lugar confortável. Feche os olhos e respire fundo e lentamente três vezes.

3. Reflita sobre a lista das qualidades positivas e repita para si mesmo, por exemplo:
   - Gosto do fato de ser paciente e compassivo com outras pessoas.
   - Gosto de fato de ser um bom ouvinte.
   - Gosto do fato de ser um bom artista.

4. Após cinco minutos, abra-se para os sentimentos calorosos que acompanham a apreciação de si mesmo por quem você é agora.

5. Para transportar esses sentimentos para seu dia, escolha uma qualidade positiva sobre si mesmo que você aprecia e passe todo o dia usando-a como se fosse seu suéter favorito. Por exemplo, passe o dia usando: "Gosto do fato de ser paciente e compassivo com outras pessoas".

Folha de Atividade: Avaliação das Qualidades Positivas		
Qualidades físicas	Qualidades de temperamento	Qualidades relacionais

Agora reflita sobre como foi usar as qualidades positivas durante o dia. Você se sentiu mais feliz consigo mesmo? Você notou que agiu de uma forma que os outros apreciaram? Você se pegou pensando sobre outras qualidades que admira em si mesmo? Descreva suas experiências.

Habilidade: Imagine um dia bonito

Talvez você já tenha passado por um momento em que sorriu, acenou a cabeça com satisfação e disse a si mesmo: "Que dia bonito". Dias bonitos podem nos afetar assim. Nesta habilidade, você imaginará um dia bonito no futuro e planejará como pode deixar o dia o mais próximo possível da perfeição. Esta habilidade é duplamente compensadora: quando você imagina o dia bonito e quando o vive. Use a Folha de Atividade: Imagine um Dia Bonito para descrever o dia com o máximo possível de detalhes.

Instruções

1. Reserve cinco minutos e considere o que configura um dia bonito para você. Descreva o dia com o máximo possível de detalhes. Procure envolver outras pessoas em seu dia bonito. Isso não significa que você não possa ter um dia assim sozinho, mas tente não passar o dia inteiro sozinho.

2. Inclua pequenos detalhes em seu dia bonito. Quer esbanjar comendo um pedaço de bolo na manhã de um dia de semana comum? Anote isso. Quer relaxar ao sol na hora do almoço? Anote. No entanto, não planeje tanto seu dia bonito a ponto de perder a alegria de momentos espontâneos.

3. Quebre a rotina e faça algo novo em seu dia bonito. Não precisa ser uma produção cara ou grande, apenas diferente. Anote isso.

4. Quando você por fim tiver seu dia bonito, aceite que ele não será exatamente como o planejou. Aceite as reviravoltas que podem acontecer e as saboreie. Aprecie com atenção plena esse dia bonito. Viva cada momento do dia e o aprecie com todos os seus sentidos.

Folha de Atividade: Imagine um Dia Bonito

Habilidade: Perdoe para viver livre

Apegar-se a ressentimentos do passado drena a alegria e o significado do momento presente e repetidamente o leva de volta para a raiva e o desapontamento do passado. Perdoar é decidir deixar de lado o ressentimento em relação à pessoa que o magoou. Ao perdoar, você está aceitando o que aconteceu e encontrando uma forma de viver com isso. O perdão não acontece do dia para a noite, e não é fácil de fazer. Perdão requer tempo e, para a maioria das pessoas, é um processo gradual que acontece no momento presente. Use a Folha de Atividade: Perdoe para Viver Livre para ajudar a praticar esta habilidade.

Instruções

1. Liste as pessoas e os incidentes do seu passado que você deseja perdoar. Ao lado de cada nome, descreva como a interação negativa o magoou. Procure nomear todos os sentimentos que experimentou na época, como tristeza, raiva, decepção, coração partido ou traição. À medida que descreve as interações dolorosas, observe como esses mesmos sentimentos ressurgem.

2. Feche os olhos, respire fundo e lentamente duas vezes e relaxe por alguns minutos. A seguir, imagine cada nome na lista e, em seu coração, diga para si mesmo: "Eu perdoo você". Repita a frase em voz baixa enquanto expira lentamente.

3. Relaxe na leveza do perdão. Respire fundo e lentamente por vários minutos.

4. Abra os olhos e, acima de cada nome e incidente na folha de atividade, escreva: "PERDOADO" e "LIVRE PARA VIVER".

Folha de Atividade: Perdoe para Viver Livre	
Nome da pessoa	**Incidente doloroso**

RESUMO

Sentir-se melhor não é o mesmo que sentir-se feliz. As habilidades de bem-estar emocional deste capítulo complementam outras habilidades da TCC que você aprendeu neste livro. As habilidades de bem-estar emocional não focam na diminuição de emoções negativas, mas sim no aumento das emoções positivas, como felicidade e sensação de bem-estar. Além disso, essas habilidades constroem uma base sólida de alegria, significado e apreciação por si mesmo e pelos outros que o protege dos inevitáveis altos e baixos da vida.

No capítulo final, você vai elaborar um plano para praticar regularmente o que aprendeu. Com a prática, seu conforto e sua confiança nas habilidades apresentadas neste livro serão fortalecidos e aprofundados. Um plano de prática sólido e claro o ajudará a obter o máximo das habilidades transformadoras da TCC que você aprendeu.

9

Juntando as peças

Com a prática, seu conforto e sua confiança com as habilidades que aprendeu se fortalecerão e aprofundarão. Neste capítulo final, você vai reunir tudo isso para construir um plano de prática para fazer exatamente isso. Um plano o ajudará a ver o caminho a seguir. Isto não é tão complicado quanto pode parecer. Apenas 15 minutos por dia de prática focada podem fazer uma diferença enorme na sua confiança com as habilidades. Com mais confiança ocorre menos resistência à aplicação das habilidades no momento, o objetivo da mudança.

Ao mesmo tempo, muitas das habilidades neste livro são mais difíceis de se aplicar quando você está no meio de tudo, isto é, quando está se sentindo ansioso, triste, com raiva ou incomodado. Neste capítulo, você aprenderá uma abordagem para construir sua confiança para que possa aplicar as habilidades quando for necessário: quando você estiver sentindo o que está sentindo.

CONSTRUA SEU PLANO DE PRÁTICA

Você criará seu plano de prática a partir de um menu da terapia cognitivo-comportamental (TCC), o qual praticará de duas maneiras:

- **Prática diária.** Muitas habilidades da TCC podem ser praticadas todos os dias, como a respiração 4-7-8 ou o relaxamento muscular progressivo. Essas práticas levarão cinco a 15 minutos, dependendo da habilidade. Tente executar essas habilidades na mesma hora do dia, o que o ajudará a lembrar de praticar. Se possível, pratique no mesmo ambiente, como em seu quarto. Escolha um período do dia em que possa ficar sozinho e provavelmente não seja interrompido. Pode ser antes do almoço, no trabalho ou antes de dormir. Pense em cada prática como um compromisso consigo mesmo. Quanto mais frequentemente você comparecer ao compromisso, mais benefícios obterá das habilidades ao longo do tempo.

- **Prática relacionada a situações ou eventos.** Você praticará habilidades da TCC relacionadas a eventos ou situações à medida que surgirem em sua vida pessoal ou profissional, como assertividade ou uso de mensagens na primeira pessoa. Alguns eventos podem ocorrer com frequência diária, semanal ou mensal.

Cada componente do seu plano de prática fortalecerá uma ou mais habilidades centrais da TCC. Há habilidades para aplicação no momento que podem relaxar sua mente e seu corpo e criam uma base física tranquila para praticar e aplicar as outras habilidades. Seu plano de prática incluirá habilidades de exposição emocional para fortalecer sua tolerância ao desconforto em geral, além de habilidades práticas como resolução de problemas e desmembramento das tarefas que você aplicará quando surgirem em situações específicas. Use a Folha de Atividade: Habilidades da TCC para determinar as habilidades que funcionam melhor para você.

Instruções

1. Revise as habilidades da TCC e decida quais serão as mais úteis, dadas as situações típicas que surgem em sua vida e que o perturbam.
2. Assinale (✓) ao lado de cada habilidade que seja uma boa opção e depois anote a duração de tempo (p. ex., 10 minutos) e a frequência (diária, semanal ou mensal) com que vai praticar.

Folha de Atividade: Habilidades da TCC				
Habilidade	✓	Página	Tempo	Frequência
Capítulo 1: Habilidades motivacionais				
Estabeleça objetivos				
Considere os custos e os benefícios da mudança				
Considere as preocupações dos outros				
Identifique seus valores				
Desenvolva declarações de ação comprometida com valores				
Ensaie mentalmente				
Sente-se na outra cadeira				
Capítulo 2: Habilidades de relaxamento				
Respire com seu abdômen				
Respire em quatro tempos				
Respire 4-7-8				
Relaxe seus músculos progressivamente				
Apenas libere para relaxar				
Relaxe com um estímulo				
Aplique relaxamento no momento				
Libere a tensão rapidamente				
Relaxe e renove-se				
Capítulo 3: Habilidades de *mindfulness*				
Faça um *body scan*				
Mantenha-se no anel de luz				
Respire com atenção plena				
Concentre-se em um único objeto				
Aja com atenção plena				

Capítulo 4: Habilidades de pensamento				
Desvende as experiências emocionais				
Registre as experiências emocionais				
Avalie os custos e os benefícios de um pensamento automático				
Identifique vieses mentais				
Coloque em julgamento um pensamento automático				
Teste os pensamentos automáticos com experimentos				
Olhe através das lentes do tempo				
Capítulo 5: Habilidades de eficácia interpessoal				
Escute e responda				
Use mensagens na primeira pessoa				
Faça solicitações cotidianas				
Mantenha-se firme				
Construa uma escada para praticar assertividade e depois pratique				
Considere os dois lados com validação				
Toque o disco arranhado				
Concorde em discordar				
Colha a flor e ignore as ervas daninhas				
Peça um tempo ou uma segunda opinião				
Negocie				
Capítulo 6: Habilidades de gestão do tempo e das tarefas				
Aumente a consciência do tempo e das tarefas				
Gerencie o tempo				
Pratique a gestão estratégica do tempo				
Desmembre as tarefas				
Crie uma ordem de prioridade para as tarefas				

Planeje com antecedência				
Faça agora				
Resolva os problemas				
Capítulo 7: Habilidades de exposição emocional				
Identifique as características dos sentimentos negativos				
Conecte-se com seus valores				
ENFRENTE (*FACE*) as emoções negativas				
Resista e adie ações guiadas pela emoção				
Construa um menu de prática de exposição emocional a uma situação				
Pratique exposição emocional a uma situação				
Construa um menu para a prática de exposição emocional aos pensamentos				
Capítulo 8: Habilidades de bem-estar emocional				
Mantenha um diário de gratidão				
Envie mensagens de agradecimento				
Envie mensagens mentais de agradecimento				
Saboreie uma lembrança				
Medite sobre gratidão				
Cultive a bondade				
Desenvolva significado e propósito				
Imagine seu *self* ideal				
Elogie a si mesmo				
Imagine um dia bonito				
Perdoe para viver livre				

Pratique, pratique, pratique

Agora que você tem um plano de prática, use a Folha de Registro da Prática de Habilidades da TCC para monitorar o número de vezes que pratica essas habilidades.

Instruções

1. Monitore a frequência com que você pratica cada habilidade da Folha de Atividade: Habilidades da TCC.
2. Na coluna *Comentários*, descreva o que você fez e o que aprendeu que foi útil para você.

Folha de Registro da Prática de Habilidades da TCC

Capítulo	Habilidade da TCC	S	T	Q	Q	S	S	D	Comentários

Habilidade: Ensaio cognitivo

Autoeficácia é a crença de que você possui as habilidades e o conhecimento necessários para alcançar um objetivo desejado, e confiança é a força dessa crença (Bandura, 1977). Nesse caso, é o quanto você está confiante de que as habilidades da TCC que aprendeu e praticou o ajudarão a atingir os objetivos que você criou no Capítulo 1 (Habilidades motivacionais). Em especial, é essencial que você esteja confiante de que é capaz de aplicar as habilidades quando mais precisar delas – em um momento de estresse – e que as habilidades também funcionarão na situação. O ensaio cognitivo é uma ótima estratégia da TCC para construir esse tipo de confiança (Driskell, Cooper, & Moran, 1994; Rice, 2015). O ensaio cognitivo pode aumentar a confiança em qualquer uma das habilidades que você aprendeu, seja respirar fundo e lentamente quando estiver se sentindo ansioso, ou repetindo para si mesmo uma declaração de enfrentamento quando estiver se sentindo deprimido, ou desmembrando uma tarefa quando estiver se sentindo sobrecarregado.

Instruções

1. Escolha uma habilidade da TCC da lista no início deste capítulo. Revise a habilidade para saber como executá-la.
2. Identifique um acontecimento recente em que estava se sentindo perturbado e que você acredita que a habilidade de enfrentamento ajudaria. Escolha um evento que esteja recente em sua mente e, portanto, seja fácil de recordar e imaginar. Tente um acontecimento que, quando imaginá-lo, evoque um nível moderado de estresse (4 a 6 em uma escala de 10 pontos, em que 10 é extremo).
3. Feche os olhos e imagine o acontecimento. Imagine detalhes específicos sobre a situação e o contexto. Onde você está? Quem está presente e o que essa pessoa ou essas pessoas estão fazendo? O que está acontecendo? Utilize todos os seus sentidos. O que você vê, escuta, cheira? Observe quaisquer sensações em seu corpo – calor, formigamento, tensão – que façam parte do que está sentindo.
4. Classifique a vivacidade da imagem em uma escala de 10 pontos, de 0 (nada vívida) a 10 (intensamente vívida). Fique com a cena até que esteja muito vívida (acima de 6 em uma escala de 10 pontos). Se não conseguir criar uma imagem vívida, tente um evento diferente que possa recordar com mais detalhes.
5. Classifique seu nível de confiança de que a habilidade pode ajudá-lo a lidar com o acontecimento em uma escala de 0 a 100%, em que 100% é completamente confiante de que a habilidade ajudará.

6. Classifique seu nível de estresse ou emoção na escala de 10 pontos. Tente pelo menos um nível moderado de estresse, entre 4 e 6.

7. Agora use a habilidade de enfrentamento que você escolheu. Por exemplo, se a habilidade for a respiração 4-7-8, então respire desse modo. Se a habilidade a ser utilizada for uma declaração de enfrentamento, repita para si mesmo essa declaração. Continue a usar a habilidade até que o nível de estresse ou emoção reduza ao menos pela metade. Por exemplo, se o nível inicial de estresse for 4 a 6, continue até que o nível seja 2 a 3.

8. Volte a imaginar o evento até que se sinta estressado novamente, e então repita os passos 6 e 7.

9. Por fim, reclassifique seu nível de confiança de que a habilidade o ajudará a lidar com o acontecimento em uma escala de 0 a 100%, em que 100% é completamente confiante de que a habilidade ajudará. Continue o ensaio cognitivo até que seu nível de confiança esteja acima de 90%.

Descreva como foi para você o ensaio cognitivo e o que você aprendeu que foi útil.

_____
_____
_____
_____
_____
_____
_____
_____
_____

Habilidade: Antecipe-se ao estresse

O ensaio cognitivo é uma ótima forma de antecipar-se a acontecimentos perturbadores ou estressantes no futuro. Por meio do ensaio cognitivo, você pode estabelecer que uma habilidade da TCC em especial pode ajudá-lo a lidar de maneira eficaz com um evento se e quando ele acontecer. Preparar-se com antecedência constrói sua confiança de que você é capaz de enfrentar um evento perturbador, o que vai ajudá-lo a se preocupar menos com ele.

Instruções

1. Siga os mesmos passos do ensaio cognitivo já descritos, mas desta vez visualize um evento ou uma situação perturbadora que ainda não tenha acontecido. Como fez antes, imagine quem estará presente, o que está acontecendo e como você está se sentindo. Mantenha a imaginação até que esteja sentindo um nível moderado (4 a 6) de estresse.
2. Volte sua atenção para a habilidade de enfrentamento escolhida. Imagine mentalmente usando a habilidade da TCC. Continue a se imaginar utilizando a habilidade até que seu nível de estresse diminua até pelo menos 50%.
3. Caso você não tenha observado uma diminuição significativa em seu nível de estresse, escolha uma habilidade de enfrentamento diferente e repita o processo. Esta é uma ótima forma de otimizar a habilidade da TCC para o acontecimento perturbador. Isso aumenta sua confiança de que uma habilidade específica funciona bem em uma situação particular. Continue a praticar o ensaio cognitivo até que seu nível de confiança seja de pelo menos 80 a 90%.

Lembre-se de que determinadas habilidades da TCC, como assertividade ou negociação, não garantem que você obterá o que deseja, mas o ensaio cognitivo o ajudará a se sentir menos ansioso ou perturbado enquanto tenta obtê-lo.

RESUMO

Então você criou um plano de prática que reúne todas as peças. Mas agora vem a parte mais importante: comprometer-se com esses 15 minutos por dia para fortalecer e aprofundar as mudanças positivas que as habilidades colocam em seu caminho. Mas como você se compromete a praticar 15 minutos por dia? Da mesma forma que se come um elefante: um pedaço de cada vez ou, no seu caso, um minuto de cada vez. Boa sorte!

Referências

Balban, M. Y., E. Neri, M. M. Kogon, L. Weed, B. Nouriani, J. Booil, J. Holl, J. M. Zeitzer, D. Spiegel, and A. D. Huberman. 2023. Brief structured respiration practices enhance mood and reduce physiological arousal. *Cell Reports Medicine*, 4, 1–10.

Bandura, A. 1977. Self-efficacy: Toward a unifying theory of behavioral change. *Psychological Review*, 84 191–215.

Barlow, D. H., L. B. Allen, and M. L. Choate. 2016. Toward a unified treatment for emotional disorders. *Behavior Therapy*, 47, 838–853.

Beck, A. T. 1964. Thinking and depression. II. Theory and therapy. *Archives of General Psychiatry*, 10, 561–571.

———. 1970. Cognitive therapy: Nature and relation to behavior therapy. *Behavior Therapy*, 1, 184–200.

———. 1976. *Cognitive therapy and the emotional disorders.* New York: International Universities Press.

Beck, A. T., G. Emery, and R. L. Greenberg. 1985. *Anxiety disorders and phobias: A cognitive perspective.* New York: Basic Books.

Beck, A. T., A. J. Rush, B. E. Shaw, and G. Emery. 1979. *Cognitive therapy of depression.* New York: Guilford Press.

Bennett-Levy, J. 2003. Mechanisms of change in cognitive therapy: The case of automatic thought records and behavioural experiments. *Behavioural and Cognitive Psychotherapy*, 31, 261–277.

Bennett-Levy, J., G. Butler, M. J. V. Fennell, A. Hackmann, M. Mueller, and D. Westbrook, (Eds.). 2004. *The Oxford guide to behavioural experiments in cognitive therapy.* Oxford: Oxford University Press.

Braun, J. D., D. R. Strunk, K. E. Sasso, and A. A. Cooper. 2015. Therapist use of Socratic questioning predicts session-to-session symptom change in cognitive therapy for depression. *Behaviour Research and Therapy,* 70, 32–37.

Bryant, F. B., C. M. Smart, and S. P. King. 2005. Using the past to enhance the present: Boosting happiness through positive reminiscence. *Journal of Happiness Studies: An Interdisciplinary Forum on Subjective Well-Being,* 6, 227–260.

Bryant, F. B., and J. Veroff. 2007. *Savoring: A new model of positive experience.* Mahwah, NJ: Lawrence Erlbaum.

Butler, A. C., J. E. Chapman, E. M. Forman, and A. T. Beck. 2006. The empirical status of cognitive-behavioral therapy: A review of meta-analyses. *Clinical Psychology Review,* 26, 17–31.

Chambers, R., B. Chuen Yee Lo, and N. B. Allen. 2008. The impact of intensive mindfulness training on attentional control, cognitive style, and affect. *Cognitive Therapy and Research,* 32, 303–322.

Clark, M. E., and R. Hirschman. 1990. Effects of paced respiration on anxiety reduction in a clinical population. *Biofeedback and Self-Regulation,* 15, 273–284.

Doran, G. T. 1981. There's a S.M.A.R.T. way to write management's goals and objectives. *Management Review,* 70, 35–36.

Driskell, J. E., C. Cooper, and A. Moran. 1994. Does mental practice enhance performance? *Journal of Applied Psychology,* 79, 481–492.

Hannawa, A., and B. Spitzberg, (Eds.). 2015. *Communication competence.* Berlin: Walter de Grutyer.

Hargie, O. 2017. *Skilled interpersonal communication: Research, theory and practice* (6th ed.). London: Routledge.

Hayes, S. C., K. D. Strosahl, and K. G. Wilson. 2016. *Acceptance and commitment therapy: The process and practice of mindful change.* New York: Guilford Press.

Heiniger, L. E., G. I. Clark, and S. J. Egan. 2018. Perceptions of Socratic and non-Socratic presentation of information in cognitive behavior therapy. *Journal of Behavior Therapy and Experimental Psychiatry,* 58, 106–113.

Hofmann, S. G., A. Asnaani, I. J. Vonk, A. T. Sawyer, and A. Fang. 2012. The efficacy of cognitive behavioral therapy: A review of meta-analyses. *Cognitive Therapy and Research,* 36, 427–440.

Hofmann, S. G., A. T. Sawyer, A. A. Witt, and D. Oh. 2010. The effect of mindfulness-based therapy on anxiety and depression: A meta-analytic review. *Journal of Consulting and Clinical Psychology,* 78 169–183.

Jacobson, E. 1938. *Progressive relaxation*. Chicago: University of Chicago Press.

Kabat-Zinn, J. 1982. An outpatient program in behavioral medicine for chronic pain patients based on the practice of mindfulness meditation: Theoretical considerations and preliminary results. *General Hospital Psychiatry*, 4, 33–47.

———. 1990. *Full catastrophe living: Using the wisdom of your body and mind to face stress, pain, and illness*. New York: Delacourt.

Keyes, C. L., B. L. Fredrickson, and N. Park. 2012. Positive psychology and the quality of life. In K. C. Land, A. C. Michalos, and M. J. Sirgy (Eds.), *Handbook of social indications and quality of life research*. Dordrecht: Springer.

Linehan, M. 2014. *DBT Skills training manual* (2nd ed.) New York: Guilford Press.

Lyubomirsky, S., L. King, and E. Diener. 2005. The benefits of frequent positive affect: Does happiness lead to success? *Psychological Bulletin*, 131, 803–855.

McCaul, K. D., S. Solomon, and D. S. Holmes. 1979. Effects of paced respiration and expectations on physiological and psychological responses to threat. *Journal of Personality and Social Psychology*, 37, 564–571.

Moreno, J. D. 2014. *Impromptu man: J. L. Moreno and the origins of psychodrama, encounter culture, and the social network* (p. 50). New York: Bellevue Literary Press.

Müller, R., C. Peter, A. Cieza, et al. 2015. Social skills: A resource for more social support, lower depression levels, higher quality of life and participation in individuals with spinal cord injury? *Archives of Physical Medicine and Rehabilitation*, 96, 447–455.

Öst, L. G. 1987. Applied relaxation: Description of a coping technique and review of controlled studies. *Behavior Research and Therapy*, 25, 397–409.

Parks, A. C., and S. Schueller. 2014. *The Wiley Blackwell handbook of positive psychology interventions*. West Sussex, UK: John Wiley and Sons.

Rice, R. H. 2015. Cognitive-behavioral therapy. *The Sage Encyclopedia of Theory in Counseling and Psychotherapy*, 1 194.

Seligman, M. E. P., T. Rashid, and A. C. Parks. 2006. Positive psychotherapy. *American Psychologist*, 61, 774–788.

Sheldon, K. M., and S. Lyubomirsky. 2006. How to increase and sustain positive emotion: The effects of expressing gratitude and visualizing best possible selves. *The Journal of Positive Psychology*, 1, 73–82.

Tompkins, M. A. 2021. *The Anxiety and depression workbook: Simple, effective CBT techniques to manage moods and feel better now*. Oakland, CA: New Harbinger Publications.

Trousselard, M., D. Steiler, D. Claverie, and F. Canini. 2014. The history of mindfulness put to the test of current scientific data: Unresolved questions. *Encephale*, 40, 474–480.

Wasserman, T., and L. Wasserman. 2020. Motivation: State, trait, or both. In T. Wasserman and L. Wasserman (Eds.), *Motivation, effort, and the neural network model: Applications and implications* (pp. 93–102). Edinburgh: Springer, Cham.